# 佛洛伊德
## 也瘋狂

### 21世紀女人性愛大解密

潘俊亨醫師 ◎著

目錄
- - - - - - -

# 第七章　環球性愛大觀

**174**

# 推薦序一

　　潘俊亨院長是我長期互動且尊敬的前輩，除了在醫療專業領域為所有孕產婦盡心盡力以外，他更利用深夜所有的瑣碎時間，鑽研探討女性情慾的書籍文獻，更加入自己長年投身女性身心健康的心得，撰寫這本《佛洛伊德也瘋狂——21世紀女人性愛大解密》。

　　或許就在此刻，你在實體書店或者網路書城的書架上看見這本書，讀著它的封面和封底資訊，預期內容在教導女性如何在一段關係中，深度掌握自己生理層次的「性」福，例如該用什麼樣的開場白和談話技巧與伴侶真誠溝通、了解不同性需求、探索彼此的敏感帶，跳脫被動角色，和伴侶來一場火辣辣又戀愛感滿滿的美好夜晚。然而，在看盡婚姻與許多個案後，作者不滿足於此，這本書試圖帶領觀者跳脫社會框架與束縛，進入性解放的新世界，開放式婚姻/關係才是親近自然，一夫一妻制、忠貞與專一不再不可撼動。

　　不過在進入這本書之後，讓同為女性的我對自己身上現存的許多社會框架有了深深的衝擊和疑問，我不得不問問自己，究竟從小到大建立的「認定一人，與他相守幸福」、總是被讚美的忠誠專一，以及在街上看見一對白髮蒼蒼牽著手的夫婦，心中油然而生的羨慕與感動還有什麼意義？

　　放下這本書，身為三寶媽的我看著先生與孩子一起在客廳玩耍，看著先生放下平時專業嚴肅、回歸童心的樣子，我不禁想：人們口中說的忠誠，具體行為是什麼呢？是一生一世獨獨守候一人到白頭？又或者是忠實誠懇地坦承自我，即使那樣的自我不見得符合道德、處於灰暗當中，卻能相互理解接受，反而能令生命更加完滿呢？

　　或許有部電影可以回答。由村上春樹小説改編的電影《在車上》，講述一對深深相愛、興趣及性趣都契合的夫妻，卻在某天，先生意外發現妻子背著自己與許多男性發生性關係。深受打擊的他無法接受自己的婚姻不再專一且美好，也沒有勇氣直面妻子坦白地對話，於是他故作鎮定，照著原樣一天又一天地過下去。即使他的心破了一個大洞。

　　出乎意料的是，不久後年輕的妻子意外身亡，連最後一句話都沒有説上，這位先生再也沒有機會知道妻子真實的內心，以及解釋他內心對妻子偷情行為的無數疑問。那個大洞仍舊如影隨形地跟著他，如同寂靜又枯槁的木頭。

　　直到，他的司機説了這一番話：「您的妻子或許就是那樣的人，單純地接受她就是那樣的人很困難嗎？無論是她打從心底愛你的事實，或是無度索求其他男性的事實，我認為這之間並無任何謊言與矛盾。這樣很怪嗎？」這番話讓始終強忍情緒的他終於好好地凝視內心，他説：「我永遠失去她了，我好想見她一面，見到她之後，我想痛罵她，斥責她不斷地對我撒謊，我想道歉，為我的無法傾聽而道歉……我好想見到她，但這一切都太遲了。」

　　愛應是讓人感到力量和充滿光輝的，而人充斥著複雜多元的情感與需要，一味強調專一與完美無暇，卻無法接受眼前最親近伴侶的真實，會不會才是一種不幸？我想答案呼之欲出。

　　以這樣的心態重新看待開放式關係，便會發現這樣的模式確實給了彼此在關係中面對真實的寬容，甚至更接近愛的本質。目前主流對多重關係的想像大多是混亂放縱且無真心的，然而性解放的核

心價值在於善意，允許每個人尋求最愉悅的自己，但也並不是毫無限制，如同作者強調必須有「不強迫、不欺瞞」的兩大前提，不論有幾個伴侶，都該有透明、坦白的溝通，知情同意並平等地尊重，是不是覺得開放式關係更不容易了呢？親密關係終究是一個關於坦誠溝通的課題啊。

是時候了，為珍貴且多面向的你打開新的視野吧，有些舊的框架該放下，有些新的框架需要被開創，在這本書裡，希望我們一起探索每個面貌的自己！

陳菁徽

臺北醫學大學婦產學科部定專任助理教授
禾馨宜蘊生殖中心院長/主治醫師

# 推薦序二

在《三立新聞網》新媒體製作健康節目,是從事新聞工作30年來的新嘗試,根據大數據分析,醫療報導中有關「癌症預防」與「健康性愛」最受網友青睞,反應在流量上的數字很好看。

為了蒐集節目製作內容,在一次逛書店健康書籍區中,被潘俊亨院長的著作吸引。《持續做愛不會老》、《好女孩也該享受狂野的性愛》、《男人是什麼東西?!》、《女人私密處美形探密》,尤其書封的副標題令人大開眼界、大膽迷人——「婦產科名醫解碼男女更年期的荷爾蒙危機與解救之道」、「婦產科名醫教你關鍵密技」、「婦產科名醫教你床上馭夫密技」、「婦產科名醫幫你找回緊緻的青春」……

《奌起聊健康》邀請潘俊亨院長上節目暢談性愛專題,逗趣生動又真誠專業的內容,已經在YouTube上累積破兩百萬流量。

與潘俊亨院長熟悉後,發現他與時俱進,熟悉歷史、但絕不會守舊。婦產科與性學權威專業之外,也喜歡音樂與藝術,多元有趣。就像是館藏豐富的行動博物館,在新舊融合中盡展新意。

每每與潘俊亨院長溝通節目細節,總能有發現新大陸一樣的驚喜,在《持續做愛不會老》中,他大膽提到,「只要我行,無論幾歲都可以」。因為做愛能激發「大腦皮質血清素」的分泌,也促進「腎上腺素」激增,讓全身循環加快,性器官充血,人的生命力因此旺盛起來。

做愛無論在心理跟生理,會經常處在年輕強壯的狀態,這會強化全體細胞的抗壓性,增強免疫力。男人、女人,皆如此。

他還大膽地告訴女性朋友,應該打破傳統,化被動為主動,在

床上不是禮物，應該是嬌豔狩獵功夫一流，將男人這個獵物馴服。其實女人主動，不僅可以化解男人的尷尬，更可以彼此探尋性感甜蜜點，將性愛的水乳交融與淋漓暢快達到極致銷魂「昇天」境界。

狂喜受邀為潘俊亨院長新書《佛洛伊德也瘋狂——21世紀女人性愛大解密》寫推薦序，看到書中內容，又像是發現新大陸一樣的驚喜……

文字寫道：

人類的性道德觀並不是永恆不變的，不同世代對性的看法的差異，很大程度上和他們所處的時代和地點有關。它發生過變化，也在繼續改變，且改變的速度甚至遠遠超出我們的想像。

當外在環境已經成形，性解放帶領著新時代人類走向開放式關係，身處其中的人肯定它帶給人類社會更多的和諧，甚至提出「共榮」的境界。

事實上，開放女人的情慾反而可以減輕男人在性事方面的壓力，因為男人可以不必承擔必須滿足女人情慾的全部責任，不如給她自由，讓她有更多的鍛鍊及探索，女人最終還是會把性愛的樂趣回饋到男人身上。

性愛就像與伴侶一起在金銀島上的冒險，讀者必能在本書中，將閃耀的、數不盡的滿滿性愛珍寶鑽石帶回家。

鍾志鵬

三立新聞網《奕起聊健康》製作人

# 自序

　　從上世紀80年代我開始執業以來，迄今已30多年，作為一名婦產科醫師，我有幸見證這幾十年與台灣女性相關的社會環境與思想變化，從接受西方開放思潮、爭取平權、到高喊「我要性高潮」，每一頁都是台灣女性成長的里程碑。一些女權主義思想家認為，女性能夠主張自己的性行為，是實現女性解放目標的重要一步，因此鼓勵女性自己決定、享受並嘗試新的性行為方式，這類思想專注的正是女性的身心解放。

　　進入新世紀，女性的獨立性格再次向前推進。20年前，台灣性解放先驅何春蕤教授倡議的「豪爽女人」，當時被認為是驚世駭俗，如今，支持女性性解放的社會條件已臻成熟，還不斷向著豪爽女人的道路邁進，且後生可畏！

　　人類的性道德觀並不是永恆不變的，不同世代對性的看法的差異，很大程度上和他們所處的時代和地點有關。它發生過變化，也在繼續改變，且改變的速度甚至遠遠超出我們的想像。

　　當外在環境已經成形，性解放帶領著新時代人類走向開放式關係，身處其中的人肯定它帶給人類社會更多的和諧，甚至提出「共榮」（Prosperity，詳見P.119）的境界，也就是放棄對伴侶的掌握，給對方全然的自由，並支持他以自己想要的方式成長、改變。

　　情慾的強弱因人而異，有些人天生特別強，有些人則天生比較弱。教育及社會文化對人的心理也有影響，所以許多男人在沒有深入思考之下，拒絕接受開放女人的情慾。有這種想法的男人還可以分為兩種情況，一是情慾原來就比較強的男人，因為他們在社會上本來就享有比女人開放的優勢，也因為嫉妒及佔有心理的關係，所

以不想讓女人隨心所欲；另一種情況是男人天生情慾較弱，因為缺乏信心，害怕比較，所以不想給女人在性方面的自由。

　　事實上，開放女人的情慾反而可以減輕男人在性事方面的壓力，因為男人可以不必承擔必須滿足女人情慾的全部責任，不如給她自由，讓她有更多的鍛鍊及探索，女人最終還是會把性愛的樂趣回饋到男人身上。

　　我寫作這本書的目的，雖然意在揭露當前女性的情慾狀況，其實是希望這個社會應該更正面看待男歡女愛這些事，讓它往健康的方向發展，才可以造就更幸福快樂的社會。

　　這本書的內容還要告訴妳，非單一伴侶關係者的心理和生理各種層面，提供妳思考與選擇。並不是鼓勵妳這樣去做，也許在妳的心理完全無法接受，妳無法放棄單一伴侶關係的穩定與安全感覺，那就不必選擇這樣的方式，因為這表示開放的交往模式不適合妳，但這也許對別人是適合的，而且當今社會已經有為數不少的男男女女正在這樣做，也因為如此，他們的人生更無憾、更幸福！

佛洛伊德也瘋狂

21世紀女人性愛大解密

# 第一篇

# 當今的性愛觀是怎麼形成的？

# 第一章

# 人類婚姻制度的演變

# 一夫一妻制形成於近代

　　人類社會為什麼會演變成一夫一妻制？現行理論認為，這跟健康與繁衍有關。

　　從遺傳學的角度看，科學家認為一夫一妻制更有利於後代的健康。隨著基因密碼被破譯，我們知道了子女各遺傳了來自父母的一半基因，如果實行一夫多妻或一妻多夫制，這樣的家庭基本會比一夫一妻制產生更多的後代，那麼在經過幾個世代以後，新結合的夫妻雙方具有重複基因的可能性和機率就會增加，以致產生「近交衰退」的結果，所以說一夫一妻更符合好的遺傳規律，對後代人類健康更有利。

　　從社會學的角度看。人類社會自從步入農耕時代，歷經近萬年的發展，農業文明和技術有了長足的進步，使得一夫一妻有能力獨立組建家庭、撫養下一代，這為一夫一妻制提供了成形的搖籃；到了18世紀，人類進入工業文明社會，這種獨立組建家庭的能力更強大了，為一夫一妻制的穩定發展提供了更為成熟的條件。

　　但歷史的進程從來不會是平順的，因為人類的聰明與躁動，一夫一妻制雖然穩定了人類社會，也漸漸現出了隱憂。工業革命以來，女性開始進入職場，兩性在家庭中的地位悄悄出現了變化，因為女性一旦走出家庭進入職場，表示她們有更多機會接觸丈夫以外的男人，且女人有了工作就有收入，雖然收入一般比男人低，但即使是微薄的收入，也能提升女性在家庭及社會的地位，繼而幫助她們勇於爭取自己該有的權利，打破社會的性別歧視；更有甚者，思

想獲得啟蒙的女性，也開始勇於表達想要滿足性慾的渴望。

　　而女性性思想的覺醒引發之後一連串對人類社會有悠遠影響的事件，包括避孕藥的發明、避孕器的出現、合法墮胎權的討論等，這些改變讓女性在進行性行為時減少了很多身心壓力，增加了很多安全感，於是開始一步步掙脫各種傳統社會千百年來加諸在她們身上的束縛。

　　這些束縛也包括形象及穿著，舊時代的女性被告知要典雅、守貞，裸露身體被視為不潔與羞恥，但從性啟蒙以後，不分年齡、職業的女性，驕傲地在公開場合穿起比基尼泳裝、露背裝、迷你短裙，甚至在公共場所刻意露乳溝、露股溝，也成立並舉辦如天體營、裸體遊行、裸體自行車賽等解放身體的活動，推波助瀾日後更為開放的性自由運動。

　　經過這些事件的洗禮，大多數性覺醒的女性發現，她們結婚多年，特別是在生育過後，在單一配偶（一夫一妻）制之下，性生活的樂趣幾乎已蕩然無存，或成為例行公事，或已成為可有可無的雞肋，且除了對性生活不滿，生活中的許多面向也經常發生問題，像是個性不合、子女教養、家務瑣事等，使得女性不得不開始思考，婚姻是否能提供自己一輩子的幸福與快樂？針對這些問題，根據我的理解與探查，現如今除了少數夫妻，大多數女性一輩子的性生活可說是在無奈的心情下度過，傳統婚姻在性解放的今日無法提供女性有保障的「性」福與快樂，已是普遍存在的事實。

　　但一夫一妻制之所以在今日還能發揮其基本功能，讓兩性在性慾望方面仍有所抑制，除了法律的規範外，很大的原因是現代人生活壓力過大，如果還沒有走到離婚這一步，基本生活以外的事姑且就得過且過，除非是現實把她們逼到了牆角，或是忽然得到某種性

意識的啟發，她們才會斷然拋開婚姻帶給她們的不快，全身心去擁抱潛藏多時的性慾望。

　　事實上，當今社會對於女性的性壓抑還來自包括宗教信仰、教育、道德、社會輿論等各方面，這些束縛無不極力地禁止女性表露及主動追求對於性的慾望，但在同時，這些壓力源對於男人性慾相關行為則普遍表現出比較寬容的態度！處在這種不平等狀態的女性，除了離婚，無法正當和另外一個男人發展性愛，所以現在各國的離婚率普遍升高，尤其是熟齡離婚更是蔚為風潮，探究其原由，女性性生活不幸福應該是其中一個重要因素。

另外從文化角度來看，一夫一妻制之所以會成為現代婚姻的主流，主要是因為宗教信仰，西方單一性伴侶的「守貞」觀念即是緣於基督教，依據教義，教徒必須堅守一夫一妻的倫理，甚且男女在結婚前不可以有性行為。但近代以來，自從宗教對社會的影響力式微，從美國開始，擴及全球，傳統單一伴侶制度面臨崩塌已是一種既存現象。

## 單一性伴侶並非來自人類天性

　　20世紀初，日本婦女解放運動家伊藤野枝（1895～1923）就提出，一夫多妻制（詳見後文介紹）的基礎是把女性當作奴隸使喚，也是可以用來交換金錢、家畜、糧食的商品，這些「奴隸」不僅不會趁晚上睡覺時來砍掉自己的腦袋，還會幫忙照料日常的大小事，包括農務耕作等重活，對男性來說，沒有比這更好的財產了。所以，妻妾成群對男性而言就是財富的象徵，也是獲得社會認同的方法。

　　到了近代，變成一夫一妻制，男人雖然不能再明目張膽地對女性呼來喚去，但男女的社會地位本質並沒有多大改變。於是，男性因執著於對自身財產的維護，便將「守貞」的道德觀強加在女性身上。當套上了這個無形的枷鎖，無論性別、無論什麼形式的戀愛，只要將結婚設為目標，就等於把彼此的生存意義限縮在丈夫/妻子的角色當中。

　　一夫一妻制度下的單一性伴侶並非來自人類天性，而是社會、經濟、風俗民情等因素交錯所促成，但不同的社會、經濟及風俗民情，也發展出各不相同的婚姻制度，例如在不丹有一妻多夫制，因努特人有「以妻待客」的風俗，穆斯林可一夫多妻，帝制時代的中

國，自皇帝以下，有地位、財富的男人多是妻妾成群。可見，單一性伴侶的道德觀是人們從小在成長過程中、在家庭教育、社會及環境的耳濡目染下逐漸形成的思想，這個觀念牢牢地刻在他們的腦海裡，及至成年，讓崇敬信仰的人們彷彿被包覆在一個厚厚的繭中，想要掙脫，需要極大的勇氣。

　　擁有一段被社會認為是脫離常軌的兩性關係，是女性跳脫傳統性壓抑的途徑，例如單身女子與人夫上床，或是已婚女性婚內出軌，但能這麼做且沒有心理負擔的女性至今仍是少數。為什麼女人不可以去玩一場各取所需的性愛遊戲呢？她在床上的付出不該只是為了取悅男人，而可以更多是為了取悅自己。希望現如今的女人不要再天真地認為「上了男人的床，就等於抓住了男人的心」，與其企盼男人施捨飄忽不定的愛情，不如一開始就和他玩一場各取所需的成人遊戲，當一拍兩散，也不會有什麼損失。

　　作為一名長期關注性社會現象的觀察者，我認為爭取全然的性自主權，應該是女性平權運動最高位階的目標，也是最後的一哩路，對此，我樂觀其成。

# 寰宇婚姻制度搜奇

## 一夫多妻

　　這在古代社會為普遍存在，中世紀歐洲隨著基督教廣泛傳播，開始奉行一夫一妻制，但並沒有嚴格禁止男性與配偶以外的女性維持情人關係，甚至是生育子女，例如《聖經》中就有記載，亞伯拉罕和妻子撒拉沒有孩子，就與其侍女生育了後代；在中世紀歐洲流行的騎士文化中，與有夫之婦或有婦之夫的情人關係，甚至成為社會風俗的重要組成部分。

　　而在中國傳統社會的婚姻制度中，為避免繼承關係混亂，「一夫一妻制」成為宗法制度的基本原則，在很多朝代的法律中都給予了明確的規定，但在實際生活中，「一妻」的原則卻未必被普遍遵守，在許多文學作品中仍有一夫多妻的實例記載，所以古代中國的「一夫一妻」，實際上是「一夫一妻多妾」的形式。但要說明的是，中國古代的「妻」與「妾」有嚴格定義與區別，且在大多數朝代，男性一般情況下只能有一個妻，一般稱正室、元配，妻以外的其他配偶都是妾。

　　民國建立後，男女平等思想雖興起，但社會風氣未變，民間納妾之風猶盛，男性與妾不是婚姻關係，而是合法的契約關係，已過世的企業家，如台灣的王永慶、張榮發，或是澳門賭王何鴻燊，都是眾所周知擁有一妻多妾形式的婚姻。1930年，國民政府公布《民

法》，採行男女地位平等的一夫一妻制。1935年，修訂刑法後，未得到妻子認可的納妾行為被視為通姦。

　　東亞諸國自近代以來，民俗也相繼轉變為一夫一妻制，逐漸淘汰允許男性「納妾」的行為，但法律上不見得都明文規定，像日本的婚姻法還保留天皇可以娶側室的空間，只是近代日本幾位天皇並無娶側室的行為。

　　在美洲和大洋洲，尤其在原住民族的社會，早年的婚姻制度較為原始且多樣，也可以說是開放與無規範；但近代以來，隨著歐洲對外殖民，一夫一妻的婚姻型態被殖民者帶至這些地方，並將此確立為法定婚姻制度。

　　在美國，早期的摩門教實行一夫多妻，但其分支耶穌基督後期聖徒教會於1890年正式宣布結束此制度，並從1904年開始將實行多妻制度的會友開除教籍或禁止他們加入教會。但是關於多妻制度的《教義和聖約》第132章仍然存在於教會的標準經文中，且至今，分佈在亞利桑那州科羅拉多市和猶他州希爾戴爾聯合的雙城社區中，

基本教義派的耶穌基督後期聖徒教會仍實行一夫多妻。

對此，我要提一點意見。基督教在歐美及世界大部分地區已經式微，基督教的教義（即使是摩門教），仍然只照顧男人的性權利，並沒有平等的對待女人享受性愛的心理需求及權利，認為女人生殖器的功能只在繁衍後代。以現今的社會狀態，如果那些教徒們仍贊同一夫多妻，在男女平權的觀點上也應該認同一妻多夫！

伊斯蘭教自古實行一夫多妻，容許男性最多娶四名妻子，前提是必須對每個妻子公平相待並妥善照顧。而古代伊斯蘭教國家君主一般不實行四妻制，配偶人數沒有限制，除四名正妻外，還可有多名不同等級的妃嬪及無配偶身份的侍妾。現代伊斯蘭教國家，君王同時擁有多位妻子的情況仍然存在。雖然多數信奉伊斯蘭教的國家允許多妻制，但有些國家則對娶第二位妻子做出了規範，如南亞的巴基斯坦和北非的摩洛哥，男性必須取得首任妻子的首肯才能娶第二位妻子。

在20世紀中期以前，女性由於沒有經濟能力，生活需要依附男性，因此一夫多妻在經濟不景氣時可以讓較多女性得到生活保障。但現在社會，女性經濟獨立的比例大增，不再需要藉由婚姻得到生活保障，也減少了世界各地一夫多妻的現象。

## 一妻多夫

這可能興起於母系社會時期，當時的女性在社會中具有領導地位。歷史上有關一妻多夫制的最早記載是在西元前23世紀，當時位在兩河流域蘇美城邦的烏里卡基那王曾下令廢除國家過往奉行的一妻多夫習俗，違反的女性將被處以石刑❶。

旁遮國木柱王的女兒黑公主嫁入一個有五兄弟的王族，被認為是南亞民族一妻多夫制傳統的起源。
（圖片來源：網路）

　　在古代中國，一些家庭由於貧窮，可能讓幾個兄弟共娶一個妻子。另外，藏族婚姻也允許一妻多夫，兄弟「獨妻則謂之不友」，「以一女嫁一男者鄙」，鼓勵兄弟可合娶一個妻子，並認為「獨妻」是對其他兄弟不友愛，及一女嫁一男的情形會讓人看不起，來避免家族財產分散。

　　在古印度的梵文史詩《摩訶婆羅多》中，旁遮國木柱王的女兒黑公主嫁入一個有五兄弟的王族，後來這五兄弟之一因為一場賭局，幾乎把全族人、連同他們共有的妻子成為了敵人的奴隸。這個故事被認為是南亞民族一妻多夫制傳統的起源，藉以維持家庭內部的團結，並保證家中的耕地不至於四分五裂。這項傳統在當地一些部族社會至今仍然存在。

---

❶ 以鈍物重擊致死的死刑執行方式，通常把男性腰以下部位、女性胸以下部位埋入沙土中，施刑者向受刑者反覆扔石塊，直到死亡。

熱播日劇〈王牌大律師〉描述現代版的「一妻多夫」。
（圖片來源：網路）

另外，熱播日劇〈王牌大律師〉則是現代版的「一妻多夫」，該劇從法律、倫理道德、心理等角度分析各種婚姻問題。故事之一的愛子有三個丈夫，三個男人都知道彼此的存在。愛子和其中兩個丈夫生了三個孩子，加上男人和前妻的孩子，一共五個孩子，九個人相處像大家庭一樣融洽。一週七天，愛子各分配兩天給每位丈夫，週日則靈活安排；愛子把三個男人比喻成不同風味的菜，並說要經常換口味，男人們欣然接受。愛子一號丈夫的媽媽在得知真相後如五雷轟頂，要求兒子解除這種畸形的關係。

這個故事若從法律角度看，女主角愛子理直氣壯地聲稱，她和三個男人都沒有辦結婚手續，所以沒有違反法律的顧慮。從倫理道德的角度看，一妻多夫顯然違反了現代婚姻制度的觀瞻，也與絕大多數人的道德觀念不符，其中的多邊愛情關係違背了愛情的獨占性，容易帶來情感上的嫉妒、心理上的痛苦、法律上的爭奪，但劇中的一妻三夫似乎沒有任何衝突，非常和諧，從他們的眼光看，其實是主流的體制不適合他們，且他們共同找到了適合自己的另類關係模式。

衝破體制或許不一定是要一妻多夫，但我相信這個故事給了現代人更多的思考空間與勇氣，去尋找體制外更適合自己的婚姻形式。

## 同性婚姻

　　同性婚姻可以追溯至西元3世紀羅馬帝國時期，當時以荒淫無道著稱的皇帝埃拉加巴路斯（203～222）稱一名金髮碧眼的奴隸為丈夫，還與一名運動員在一場公開儀式中成婚，可說開了同性婚姻的先例。

　　中世紀有記載的同性婚姻出現在西班牙的加利西亞，兩名男子於1061年4月16日成婚，他們的婚禮由一個小教堂的牧師主持。

　　在東方。清末民初時期，中國各地出現了許多女同性戀的組織，俗稱「金蘭契」。該習俗的規定與同性婚姻可謂如出一轍，凡是締結金蘭契的女性，一切婚約均屬無效，男家不得強娶，她們也誓言不與男子婚嫁，且結盟的二女同居，成雙結對，情如夫妻，誓不相負，還會選擇嗣女繼承財產，死後也會埋在一起，這與今日同性婚姻的意義基本相同。

　　而具有現代平權意義的同性婚姻，經過同志人權的多年爭取，終於在上世紀末獲得較為顯著的進展。2001年，荷蘭成為近代世界上第一個同婚合法的國家；接著，比利時、加拿大也分別在2003及2005年讓同婚合法；美國則由各州自行決定同婚是否合法；2019年5

月，我國通過同性婚姻法案，成為亞洲第一個、世界第27個實行同性婚姻的國家，同婚合法化屆滿3週年時，台灣地區計有7906對同性伴侶登記結婚，而女同結婚對數為男同的兩倍。

至今，全球各地依然有反對同性婚姻的聲浪，他們大多將一夫一妻的男女婚姻視為所有婚姻型態中最完美及理想的樣態。世界各地對於同性婚姻立法的阻力，通常來自基督教教會、天主教教會、東正教教會、大多數的穆斯林組織，及各種帶有保守主義色彩的宗教團體。這些反對團體通常認為同性婚姻無法與其所屬的宗教教義相容，從而對同婚採反對立場。

## 夫兄弟婚

也稱利未婚、轉房婚，是指女性在丈夫死後嫁給其兄弟的行為、習俗或法律。廣義的夫兄弟婚也包括改嫁給夫家的其他男性，例如亡夫的叔、伯、繼子、侄、甥等。丈夫死後嫁給兒子的婚姻又稱收繼婚。

這種婚姻制度多數是出於經濟因素考量，貧困人家娶寡嫂、弟媳等，解決了贍養她們的問題，也省了聘禮。如果寡婦繼承了財產，夫兄弟婚可以防止家庭財富外流。社會視女性為夫家財產時，夫兄弟婚也可被理解為一種繼承；另外，政治利益也可成為夫兄弟婚的動機，例如英國的亨利八世（1491～1547）娶其寡嫂凱薩琳，目的就是為加強英國和西班牙王室的聯盟。

其他如蒙古族、哈薩克族、烏茲別克族、赫哲族、藏族、滿族等亞洲內陸游牧部落中，夫兄弟婚也是常見的習俗。緬甸也有這種風俗，古代緬甸國王常收繼其父王的妃子（非生母），該國的克欽

族也有娶後母的風俗。

　　印度、肯亞、烏干達的一些地區也存在這類傳統，但由於習俗要求的夫兄弟婚不符合現代婚姻的自由觀念，實踐的人數正在持續減少。

## 「以妻待客」的因努特人

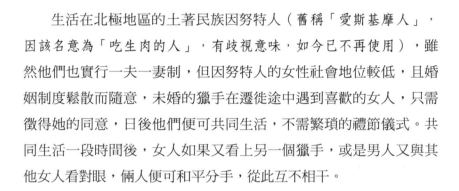

　　生活在北極地區的土著民族因努特人（舊稱「愛斯基摩人」，因該名意為「吃生肉的人」，有歧視意味，如今已不再使用），雖然他們也實行一夫一妻制，但因努特人的女性社會地位較低，且婚姻制度鬆散而隨意，未婚的獵手在遷徙途中遇到喜歡的女人，只需徵得她的同意，日後他們便可共同生活，不需繁瑣的禮節儀式。共同生活一段時間後，女人如果又看上另一個獵手，或是男人又與其他女人看對眼，倆人便可和平分手，從此互不相干。

為什麼因努特人對於感情如此毫無忠誠？這其實與他們的生存狀態極有相關，因為生活在冰天雪地，在獲取食物求得生存面前，任何事情都會顯得微不足道。

因努特人幾千年來生活在寒冷的北極地區，直到18世紀才與白人有了接觸。當時北極冒險家記載了因努特人「以妻待客」的現象，這事件並不是單獨存在的偶發現象，而是因努特人普遍的生活方式。他們「一妻多夫」、「以妻待客」的傳統，背後其實是生存的無奈。

由於近親繁殖會導致子代基因缺陷，因努特人為了防止發生這類事情，便與其他家族的成員交換聚集點，從而保證子代擁有全新的基因。18、19世紀時，北極圈內的因努特人遇到了白人，為了留住白人優秀的基因，不得已才會「以妻待客」。

因努特人的婚姻觀念比較開放，當還沒娶妻的鄰居、朋友向丈夫借走妻子時，妻子會安排好一切的日常生活，雙方還會規定「借用」的時間，規定時間結束後妻子就會返回家中。如果鄰居和妻子在借妻過程中有了孩子，自己的孩子就會和鄰居的孩子成為「半個兄弟」的親人關係，然後兩家人和樂的生活在一起。

因努特人有早婚的習俗，成婚也不需舉行隆重的婚禮，而是男女雙方脫離原生家庭一起過日子，這種特殊的婚姻關係導致雙方的忠誠度都不高。

因努特人本身沒有多少物質財富，出借妻子成為延續族脈的選擇。但無論是出借妻子還是夫妻交換，只會是在小圈子內（兩個，或者數個家庭之間）的行為。外人對於因努特人出借妻子或夫妻交換，不應當看作是為滿足性方面的需求，而應該視為一種建立經濟或是社會關係上同盟不得不的妥協。

## 日本的事實婚

　　若雙方有共同生活的意願及事實，但不願接受婚姻制度的牽絆，就會選擇事實婚；某些再婚男女為了顧及孩子的感受、不想從夫姓，或者家族反對等理由，也會選擇事實婚。人氣日劇《月薪嬌妻》的男女主角便是事實婚的實踐者。

　　事實婚夫妻雙方負有同居、扶助、家事、債務、生活費分擔和貞操義務，一旦事實婚關係取消，也有請求分配財產和要求贍養費的權利。那事實婚與法定結婚有哪些差異呢？

　　1.事實婚無需變更戶籍資料，當雙方事實婚關係取消時不會留下離婚記錄。

　　2.事實婚夫妻是法律上無親屬關係的外人，所以無權替對方簽手術同意書。

　　3.事實婚夫妻若育有小孩，小孩會變成非婚生子女。

　　4.事實婚的伴侶無法成為法定繼承人，也無法享有贈與稅、所得稅和住民稅的扣除減免。

　　根據一項對日本當地年輕男女的調查，不管未來想不想結婚，未婚男女中各有一成比例有意願嘗試事實婚，而不想結婚的女性想嘗試事實婚的比例更高於其他族群。也許是因為日本女性社經地位至今仍低於男性，事實婚能消除一些對於進入婚姻關係的疑慮，使它在今日的日本社會依然有需求。

# 為什麼婚後仍心猿意馬？

　　說到婚姻效期，大家總戲謔說到「七年之癢」，彷彿7年就是婚姻能否走下去的第一道門檻，但別以為7年很短，根據我國內政部最新統計，若婚姻以每5年為一個計算單位，現在台灣離婚率最高的群組是婚齡0～4年，離婚率高達34.29%。相較於2009年，那時離婚率最高的群組是婚齡5～9年，可見現代人對婚姻的耐受度一再探底，很多人不到5年就開始「癢」了。

　　再看行政院發布的另一組數據，台灣人初婚平均年齡，女性從1975年的22歲逐漸延後到2018年的30.2歲，男性從1975年的26.6歲延後到32.5歲。至於近年離婚年齡最多的是35～39歲群組，這跟前面提到的初婚平均年齡及婚姻維繫時間推算起來頗為合理：30歲左右結婚，雙方磨合調整了約5年，若還是無法適應，便趕緊離婚各自去尋找更好的下一位。

通過婚姻建立起的一系列社會制度，使複雜的人類生活更有序，也更加緊密地將已婚人群綑綁到社會人際利益網絡上，可以說婚姻是將「自然人」格式化成了「社會人」，並透過法律的約束使社會得以順暢運行。然而，一夫一妻制雖已歷經數百年時間的演進，但其對人類社會的實際貢獻並不如表面宣傳的那麼良好，當進入多元化的21世紀，現代婚姻制度似乎出現了崩解的徵兆。愈來愈多人輕易地結婚又率性地離婚，只顧及婚姻表面形式的美學意義，完全沒有體現出婚姻制度的社會功能。

從歷史脈絡來分析，婚姻制度的型態其實與男女兩性在社會中的地位有著相對應的關係。男性在社會處於主導地位時，婚姻制度趨向更保守及更私有化；而當女性處於主導地位時，婚姻制度則傾向更開放及更自由化。不可諱言，女性力量在當今社會已再一次進入強勢期。

離婚、單親的女性人數激增，婚姻與生育的聯繫不再緊密，性愛、婚姻、生育呈現互相獨立的現象。可以預期，婚姻制度在未來仍會有一股堅定的力量支持著，但由於社會進化衍生出了更多從經濟學、社會學到各種遺傳技術的方式，這些力量將使得婚姻制度的美學面紗就此飄落。

## 法律對於婚姻還有多少保障？

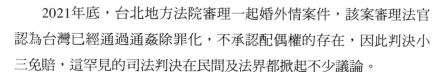

2021年底，台北地方法院審理一起婚外情案件，該案審理法官認為台灣已經通過通姦除罪化，不承認配偶權的存在，因此判決小三免賠，這罕見的司法判決在民間及法界都掀起不少議論。

回顧事件的經過：一名婦人不滿先生外遇，指控丈夫有婚外情，

丈夫也坦承外遇，婦人認為配偶權被侵害，向第三者求償80萬元。

審理法官認為，通姦除罪化後憲法不再強調婚姻的制度性保障，轉為重視配偶雙方平等的性自主權，不承認配偶受一方獨佔，也就是不承認配偶權的存在，即使小三沒出庭也沒抗辯，法官仍判人妻敗訴，但法界認為二審翻盤的機率很高。

另外，日前南部某醫院副院長也傳出不倫事件，被人妻告上法院，卻有不同的判決結果。該名副院長與妻子任職同一家醫院，副院長曾指導一名女博士生，三人後來都成為醫院醫學倫理委員會委員。副院長與博士生疑日久生情，曾同遊花東共宿，博士生還多次在夜間到副院長租屋處同處一室，元配怒控博士生侵害配偶權，台南地院判博士生須賠償副院長妻70萬元，還可上訴。

對於出軌的婚姻，這僅僅是外遇冰山浮出水面的一個小角，更多的是潛在海平面以下的巨大冰體。據統計，全台每年約有80件侵害配偶權的案例，求償金額大多在50～70萬元，通姦在2020年5月19日宣告除罪後，為了給予婚姻受害人的心理補償，法界討論是否該提高判賠金額，但從人性角度看，即使爭取了再多的賠償金又如何？這樣的感情通常是回不去了！

## 舊時代的人們怎麼看婚外情？

一般認為西方人的性愛婚姻觀較東方人自由、開放，但他們今日的所有並不是來自上帝的賜予，也是透過社會運動與無數人的犧牲，一點一點掙來的。

在東方傳統文化的認知裡，偷情通常被認為是傷風敗俗的事；但在西方，從14世紀文藝復興時期開始，這些行為被認為是符合社

丈夫也坦承外遇，婦人認為配偶權被侵害，向第三者求償80萬元。

審理法官認為，通姦除罪化後憲法不再強調婚姻的制度性保障，轉為重視配偶雙方平等的性自主權，不承認配偶受一方獨佔，也就是不承認配偶權的存在，即使小三沒出庭也沒抗辯，法官仍判人妻敗訴，但法界認為二審翻盤的機率很高。

**SEX & LOVE**

# 「三人行」是最多人對婚姻的幻想

　　儘管一夫一妻制為當今國際社會主流，人類還是傾心於與配偶以外的人發生性關係。心理學家賈斯汀‧萊米勒（Justin Lehmiller）訪問了4千位美國人，請他們描述自己的性幻想，結果發現「三人行」是最多人的選擇，且比其他形式多出許多；再進一步分析，男性對群交興趣高昂（男女比例分別是26%和8%），這在其他形式的「社交型性關係」中也能看到相同的情況，如參加性愛派對或者雜交俱樂部等，男女比例分別是17%和7%。

會風情的，特別是在近代的西方名著中，情婦這個概念幾乎無處不在，也成就了無數個經典的愛情故事。

十日談

回溯14～16世紀，文藝復興打破了中世紀教會的禁錮，以情愛為題材的藝術作品大量湧現。薄伽丘（1313～1375，義大利文藝復興時期佛羅倫斯共和國作家）是這個時期的代表人物，在他所著流傳後世的《十日談》中的56個愛情故事，許多都含有偷情的情節描述，從中可窺出該書的中心思想：反教會、反禁慾、性解放。

文藝復興時期的男人們盛行一種風氣，爭相誇耀自己的妻子或情婦是如何美麗，所用語言極盡奔放大膽，且不只語言描述大膽，更變態的是他們喜歡讓客人目睹自己的妻子或情婦的裸體，往往在她們梳妝、出浴、睡覺時請客人前來觀賞。

另一個寫婚外情文學作品的高峰時期是在19世紀。這個時期的作品與文藝復興時期有所不同，除了是對情慾的描述，更多是呈現對現實的批判。以浪漫著稱的法國，描寫婚外情的文學作品俯拾即是，像是《包法利夫人》、《紅與黑》、《查泰萊夫人的情人》、《簡愛》、《傲慢與偏見》、《愛瑪》等名著中，都常見婚外情、私奔的故事描寫；俄國也不乏這類描述私情卻具有高度文學評價的作品，例如《復活》、《安娜卡列尼娜》、《齊瓦哥醫生》等。

在這些文學作品中，婚外情男女的結局，無論社會風氣是開放還是保守，兩者的不平等一直都在，但在19世紀中葉出版、大文豪霍桑的代表作《紅字》中，對女主角的謳歌和救贖，在性平等的發展上出現了變化，這顯現性解放已進入一個不斷進階的過程。

## 「風流世紀」的皇家情婦

　　17～18世紀的歐洲還處在君主專制時代，這時期的人因為情慾奔放，也被稱作「風流世紀」，社會上甚至出現一個專有名詞：皇家情婦。

　　皇家情婦是為了讓國王炫耀而存在，當時有個不成文規定，皇家情婦的衣服、首飾排場要高於宮裡所有的女性，甚至包括皇后。歷史上留名的風流韻事多不勝數，凡爾賽宮更是最能代表那個時代的八卦核心。

　　凡爾賽宮位於法國巴黎，是世界五大宮殿之一，她的所在地原本是一片森林和沼澤，1624年，法王路易十三在此建立狩獵行宮，太陽王路易十四擴建凡爾賽宮，並下令貴族悉數前來巴黎，集中於此大開舞會，凡爾賽宮從此成為御用宮廷。

　　貴族們圍繞在國王身邊，無法對領地實現控制，法王一方面加強了中央集權，一方面讓貴族被奢華的生活腐化，媚上的貴族們紛紛帶著妻女前來宮廷，更以將妻女引薦給國王獲得寵幸為榮，而這也是近代法國男女關係混亂的開端。

路易十四最著名的情婦　　　　　路易十四
蒙特斯潘侯爵夫人

　　路易十四最著名的情婦叫蒙特斯潘侯爵夫人，路易十四為她在凡爾賽宮裡修了特里亞農宮，另一位曼特儂夫人日後也因獲得路易十四的寵愛，而擁有了專門為她建造的金色小教堂。

　　路易十五更是個享樂派，但他的情婦龐畢杜夫人卻是在藝術史上留名的女人。她經常舉辦藝術沙龍，興建宮廷、編撰圖書、資助藝術家，當時的大藝術家伏爾泰、弗朗索瓦‧布歇都為她獻上過作品，龐畢杜夫人在回憶錄上寫著：圍繞在國王身邊的男人都想把最美的女人送上，以便能取悅國王，而國王本人也很容易陷入愛河。可見當時皇家情婦文化的興盛昌榮，正與其能攫取權力和利益有關。

　　路易十六是凡爾賽宮最後一位國王，但他的妻子瑪麗皇后卻因其深植人心的奢侈形象比她的丈夫更享有盛名。這位來自奧地利的公主，原本應該象徵兩國和平，卻醉心賭博、打扮和奢華的時尚，更令人髮指的是她對下層民眾饑寒交迫的處境說出流傳後世的金句：「為什麼不吃蛋糕？」而這與晉惠帝時期天下發生大饑荒，大臣向他報告人民的苦難情況時，晉惠帝說道：「何不食肉糜？」為異曲同工。

　　後世以她為原型的作品如《凡爾賽玫瑰》、《絕代艷后》等，

這些作品中，她和瑞典貴族菲爾遜的愛情都是其中最有張力的一段。當墮落走到了盡頭，路易十六被推上斷頭台，凡爾賽宮徹底退出政治舞台，取而代之的是資本主義時代的到來。

## 婚外情的成因

不管什麼時代，婚外情始終活躍不息！首先，這與基督教統治下的婚姻制度有很大關係。在上層社會，婚姻經常存在政治意義，並且和家族利益緊密相關。基督教對於婚姻的觀念主要來自宗教經典《聖經》與〈教會法〉，且在其發展過程中又不斷吸收〈羅馬法〉中有利於鞏固基督教統治地位的條款，最終定型，主要體現在確立一夫一妻制度和慎重婚姻解除等方面；換句話說，不管你有多大權力，都無法隨心所欲地結婚和離婚，說穿了，是便於統治階級對於人民情慾的管理。

其次，文藝復興運動提出反對禁慾，使得當時的文藝作品充滿了人文主義精神。而人文主義的特性就是人物生機勃勃，情慾奔放，並對縱情任性鼓勵且讚揚。自然而然，無論是出於愛情的角度，還是慾望的目的，都為包養情婦的行為打開了道德上的枷鎖。

再者，這與當時的社會風氣也是息息相關。社會風氣通常是當時的統治階級所宣示的道德、所主張的觀念，君主專制下，為腐化貴族形成了鼓勵派對和舞會的文化。上層社會炫耀情人，上行下效的結果，下層民眾也逐漸認可並追慕這種行為，從而形成一種社會風氣。莫泊桑（1850～1893，法國作家，有「短篇小說之王」的美譽）的名著《一生》，就可以看到農村男女的混亂關係。女主角雅娜的父親外遇不只一兩次，她的母親同樣也有情人，甚至將情人寫

的情書保留至死，不時還拿出來欣賞和懷念一番。

　　文學和藝術之所以能跨越時代成為經典，是因為它們反映了真實社會的隱痛。文藝復興初期對性肯定、鼓勵發展愛情，以及資產階級興起過程中對婚外情的現實思考，都值得現代人深思，情慾解放無罪，我的性慾我做主！

**SEK & LOVE**

## 性慾是男人的軟肋

　　腦科學已證實，男人掌管性事的腦容量足足是女人的三倍之多，但這也可以反證「性慾是男人的軟肋」，能夠讓女人開心的男人必須很有自信，因為男人是一種必須透過女人的認可才能證明自己雄性價值的生物，沒有女人，他們幾乎就失去了表演的慾望。這種生物本能是從數萬年前的人類演化而來，已經內化在他們的腦子裡，很難改變。

# 從婚外情發現全新的自己

　　傳統上，西方社會夫妻關係的道德觀受到教會的權威所支配，婚外情的定義與審判權歸教宗，並不屬於人民。但在上世紀60年代左右，伴隨女權運動而起的性革命，一波波的解放浪潮使婚外情的定義更為自由，也變得更模糊不清，在今日，西方社會對於婚外情的定義，常常不是由宗教或法律來規範，而是夫妻自己說了算！而這股風潮，隨著全球化的擴散，也漸漸向著東方吹來。

　　對於婚外情，借用著名的婚姻治療師埃絲特・沛瑞爾（Esther Perel）在所著《第三者的誕生：出軌行為的再思》（The State of Affairs：Rethinking Infidelity）一書中所說，「人們在婚外情所尋找的事物中，最令人陶醉的並非發現新伴侶，而是發現新的自己。」

　　近代以來，人類的預期壽命不斷攀升，從1960～2017年，人類平均壽命增加了20歲，預估到2040年，人類壽命將再增加4年。而如果人類壽命不斷延長，人在活著的近百年歲月中只能有一個性伴侶，這從人性角度來看，會有多殘酷？而與人類壽命不斷延長相對的是，人們的離婚和再婚率也在持續攀升，根據一項調查，40%的美國夫妻中至少有1人是再婚的。也許，隨著人類預期壽命變得更長，「白頭偕老」將不再是婚姻伴侶奉為圭臬的目標。

## 為什麼執迷單一配偶？
## 因為我們從小被教育一夫一妻才是正常

　　雖然大多數的社會都認同一夫一妻制，法律上也是如此，但當你仔細觀察時會發現，歷史上的人類並不像我們今天這樣奉行單一配偶制，那為什麼單一配偶在如今會被看作理所當然呢？那是因為我們的社會文化教育，在我們的成長過程中有著關鍵的影響。我們從小到大，大多數時候我們的父母都是結了婚，或者至少試圖維持一夫一妻的關係，在全世界大多數地方都是如此，使得多數人從骨子裡認為一夫一妻制才是正常。

　　另外，媒體的宣傳及報導也是個重要因素。媒體常常刻意曝光政治人物或名人婚姻外的異性伴侶，並且用負面的角度來加以評述，因為這樣的消息會激起大眾的高度興趣，但這不也同時在暗示人們，不遵守一夫一妻制是不正確的，這類事件發生在政治人物身上是不被容許的，然而從另一個角度看，這是不是也顯示人們對於窺探他人婚姻以外有異性伴侶的事普遍具有高度興趣？但是，作為一種似乎已經在各種生活環境下都存在的事情，非單一配偶的生活方式至今仍然有遭到高度污名化的傾向！

## SEX & LOVE

# 陌生女體、男體是重啟性慾開關的密碼

不管你和情人或配偶多麼相愛，多麼喜歡做愛，你的身體仍然會愈來愈不能提供足夠的刺激來讓對方的性慾像初識時那樣快速達到一定的高度和強度，這種性慾遞減和兩人感情好不好沒有直接關聯。但是，令人驚喜的是，沒有了激情的兩人，他們分別再遭遇陌生女體、男體時，性慾仍然會勃發昂揚！

## 婚姻真的如「圍城」？

由錢鍾書（1910～1998）所著的知名華文小說《圍城》，一句「城外的人想衝進去，城裡的人想逃出來。」幾十年來，幾乎成為定義現代婚姻的金句。

另外，愛爾蘭劇作家蕭伯納（1856～1950）是這麼形容婚姻：有些人最愛談論婚姻的幸福，並歌頌婚約的永存，但也正是這些人宣稱，一旦打破婚姻的牢籠，讓所有囚犯得以選擇投向自由，那麼整個社會架構將會灰飛煙滅。

婚姻制度下的家庭結構即是愛情神話中原初的雙人結構，這些制度與設想其實都是為了方便統治者管理。但不論是法律制裁還是

神話制約，雙人結構從裡到外，處處限制了我們對於愛情的想像與另類實踐的可能。

西方教會的見解影響了幾百年來的婚姻觀、兩性關係的定義及道德觀念，甚至是法律，婚外性行為被認為是犯錯，甚至是犯罪，婚外情則被認為是對婚姻的背叛。

但近半個世紀以來，宗教對人們的約束式微，婚外情的定義權不再歸宗教，而是在人們自己手上。有些夫妻一開始就明列彼此的承諾，包括財產及相處方式，甚至是離婚時的協議，有些更進一步對彼此的性生活方式也有約訂。

## SEX & LOVE

### 關於愛情起源的希臘神話

人類原初是個完整的球體，有四隻手、四隻腳、一對性器官與兩張臉，性別則依其性器官配對，分為男人（男男）、女人（女女）與陰陽人（男女）三種。原初的人類力量強大，也因此蠻橫無理，宙斯與眾神商議後決定將人類劈成兩半，以示懲罰。當被一分為二，人類便不再以原初的球體型態存在，每個圓滿的人都被劈成兩個殘缺的半人，一個人唯有與另一個人在相互補足的情況下，兩個半人才得以成為一個完整的人。此後，世世代代的人類都在尋找與自己相合的「另一半」，試圖重拾原初人類所擁有的完整與圓滿，而人類對於此種「原初完滿性」的渴望與追求，即稱之為愛情。

在民智已開的現代，方便統治者管理而去維繫單一配偶制的理由已經不存在，情慾自主成為顯學，管他是圍城還是監獄，那曾經巍然聳立的城牆，其實只存在你自己的心裡，要不要掙脫束縛，由你自己決定！

## 女生出軌的原因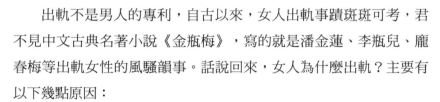

出軌不是男人的專利，自古以來，女人出軌事蹟斑斑可考，君不見中文古典名著小說《金瓶梅》，寫的就是潘金蓮、李瓶兒、龐春梅等出軌女性的風騷韻事。話說回來，女人為什麼出軌？主要有以下幾點原因：

**1.為了證明自己的魅力**：很多女性以「追求者多寡」來衡量自己的魅力，她們大量收集追求者，享受「眾星拱月」的感覺，她們喜歡向人炫耀：「追求我的人都排隊排到……」，為了維持這種虛榮，她們必須始終維持向身邊的男人放電，讓男人拜倒在她的石榴裙下。

**2.無法忍受寂寞**：不甘漫漫長夜獨守空閨，於是藉著酒精的作用，藉機打電話邀約男性友人前來陪伴，「我身體不舒服，你可以來陪我嗎？」男人碰到這種情況，除非是家有河東獅，否則紅顏有事怎能不一馬當先前往護花。只是當女人養成這種習慣，便很容易陷入難以自拔的循環，一感覺寂寞就找男人陪，再順勢和男人發生親密關係，使生活陷入如此循環往復的困境，直到年華老去。

**3.渴望被寵愛**：擁抱、輕撫、依偎等肌膚碰觸以及溫暖的語言，最容易讓人覺得備受寵愛，有些女人為了想要這種感覺，即使明知對方只能給出縹緲的承諾，也會義無反顧將花言巧語信以為真。

**4.想要尋找完美情人**：有人尋尋覓覓始終找不到一個完美情人，

只好找各種男人來滿足不同的需求。有吃喝玩樂的伴，有多金的乾爹，還有能奉獻勞力的工具人，然後用不同人設在不同男人間穿梭，讓自己始終是個得利者。

**5.以利益為基礎，各取所需**：很多人以為用身體來交換利益的女性多是沒主見、沒條件的弱女子，其實有很多專業能力出色、觀察能力敏銳的女性，也會利用性愛和男人交換利益。把商場的談判場景搬到精品旅館，除了能在床上換取商業利益，還能換來舒坦的一炮，事後，風輕雲淡，彷彿什麼事都沒發生過。

**6.在別人身上找回激情**：有些長期在婚姻或感情中被另一伴冷落的女性，因為缺少被愛的感覺，只好向外尋覓，讓枯萎的身心另覓生機。

**7.舊情復燃**：婚姻或感情生活不如預期，參加同學會時無意間與舊情人重逢，曾經遠去的愛情竟如乾柴烈火般一發不可收拾；當然，如果舊情人很多，這種情況還可能經常發生。

**8.對浪漫的愛情不可自拔**：有些人很重視感性、浪漫、唯美，一旦愛情的種子萌發，便會如飛蛾撲火奮不顧身去追尋，而且這種感覺彷彿是天生的，不會因為年華老去而消失，在她們心理，愛情是終身的追尋，出軌無關罪惡，而是一種美。

**9.高估自己的自制力**：以為自己對於撩撥能把持得住，殊不知情聖到處有，不小心碰上就可能讓妳跨越界線。別以為只是聊聊天能發生什麼事？出軌經常都是從互動、關心開始，然後慢慢關懷到床上去。

**10.報復男人出軌**：這點不用解釋，就是感情出問題又不想離婚，男人先養小三、小四了，女人也養條小狼狗，或是偶而嘗嘗小鮮肉，真正實踐兩性平權。

# 對於性慾需求，男女其實都一樣！

　　如果你做個民意調查，詢問人們為什麼要出軌？多數人的回答認為男人是為了滿足性，而女人是為了滿足被愛的感覺，對此，性治療師、也是《新一夫一妻制》（The New Monogamy）的作者塔米‧尼爾森（Tammy Nelson）說：「男性與女性外遇時要的東西基本上是一樣的，就是要性與連結。」所以，別再相信「男人要性，女人要連結感與親密感」這種偏見，對於性慾需求男女其實都一樣！

　　偷情網站調查2千名女性使用者，問他們認為已婚人士偷吃的原因為何？排名第一的答案是「增加生活中的刺激感（35%）」，此外，高達22.5%，也就是每5人就至少有1人，回答自己偷情的原因是因為在床上得不到滿足。

　　另一份關於「床上功夫研究」（Good in Bed）的調查，在訪問的1923名女性與1418名男性中，兩性認為在感情中因為「無聊」而出軌的機率幾乎一樣。可見，女性和男性真的沒有不同，她/他們向外發展的原因常常是因為想那麼做，與性別無關。

# 無性婚姻還能繼續嗎？

有人說：性是婚姻生活裡的一把鹽，少了就沒味道。

近年來，無性婚姻的比例愈來愈高！根據調查，台灣每5對夫妻就有1對無性，且無性婚姻比例在過去5年間成長了好幾倍！無性還成為婚姻不幸福的重要原因，可見無性是婚姻親密與活力的隱形殺手。

現代人由於生活步調緊繃，加上環境、年齡、健康不斷變化，都是導致婚姻無性的重要因素，「婚後變草食」已成為全球風潮，其中針對雙薪忙碌而不做愛的無性夫妻還衍生出一個新名詞，叫「頂思族（DINS，Double Income No Sex）」。

無性婚姻者的年齡大多集中在30～50歲之間，多數是由心理障礙演變成為生理障礙，而最根本的原因是夫妻間缺少溝通和交流。西方性心理學提出：完美的性愛能帶給彼此愉悅的心情，加深彼此的內在聯結，讓男女能更加包容對方，體諒和接納對方的一切，提升彼此的親密感和信任感，還能促進彼此的身體健康；反之，則會留下壞情緒的種子，使人容易變得暴躁、易怒、猜疑、嫉妒等，長期這樣發展將不利婚姻關係，可見無性婚姻很難長久維持。

無性婚姻並不是指夫妻「完全沒有性愛」，而是只要1年性愛次數少於10次，或每個月小於（或等於）1次就算。婚姻可以無性嗎？這完全看個人，畢竟夫妻之間不是只有性愛，如果相知、相惜、相

伴、相愛都沒問題，也有不少夫妻在有愛無性的婚姻中依舊相處和諧，但如果一方渴望有性愛，但另一方卻性趣缺缺，那婚姻就會因此出問題。

當提到「無性婚姻」，很多人心裡都會想「我的婚姻正常嗎？」，其實，很多現代夫妻的狀況差不多都是這樣，畢竟生活中有那麼多煩心事擺在眼前，讓人愈來愈沒心思去想關於「性」的事，久了，性慾就變成可有可無了！

## 無性可能對婚姻造成重大損害

專家指出，無性婚姻的夫妻不但缺乏性行為，更缺乏對性的談論，他們認為性愛是隨機發生的，因此不會開口去索要，也不懂得溝通，雙方只能陷入無盡的等待，直到愛情消逝遠去。要知道，無性不只對婚姻的維繫有重大損害，還可能對人產生久遠的心理影響：

1.被拒絕的一方會感到自尊心受損，從而感到沮喪、產生憂鬱情緒，甚至在多次被拒絕後會貶低自我價值，懷疑是因為自己魅力不足，以致引不起伴侶的「性趣」。

2.被拒絕的一方在性慾得不到滿足的情況下，很容易會尋求其他途徑，包括自慰、網路性愛、一夜情等精神或肉體出軌，長期如此的話可能導致身心疾病。

3.無性婚姻的夫妻因為性生活不協調而感到不快樂，最終可能考慮結束婚姻。

4.女性長期缺乏性生活，身體可能出現很多問題，例如荷爾蒙分泌紊亂、脾氣暴躁、肌膚失去光澤、早衰等；男性則容易出現攝護腺方面的問題。

## 無性婚姻讓雙方的情慾都處於半死狀態

對於情慾等同已遭閹割的男人和情慾一向過度壓抑的女人，無性婚姻對他們來說或許還能忍受，但是對那些情慾仍然充沛的男人和女人，無性婚姻便很難忍受。

若跳出道德框架，從客觀的角度來看，不妨將外遇看作是無性婚姻受害者的情慾出口。當外遇發生時，情婦是男人的活力來源，她能使這個男人的情慾活過來；而當女人有外遇，她的情慾即刻像是牢籠的門被打開，讓她迅即輕盈快樂地飛往天空，再也回不去關住情慾的鳥籠。

因為人們常常把自己放在被害者的位置，當配偶有外遇便直覺把自己當成受害者，其實正是因為這樣的認知才會對自己造成傷害，要知道，這種情況不是伴侶傷了你，是難過的情緒讓你難受，憤怒則來自你認為對方背叛了你！

換個角度看，對於妻子有外遇的丈夫，應該很訝異於你長久以來興趣缺缺的女人竟然有人視若珍寶，你突然重新發現她原來是那麼性感！對她再度產生慾望，而且你也不用擔心她會離開家庭，除非她想要從頭開始去辛苦適應與照顧另一個男人。我知道有人遇到這種情況是這麼處理的，他請老婆找來外遇的男人，然後三個人一起喝咖啡，並要三個人一起做愛！而丈夫有外遇的妻子，有人是這樣做的，她坦白告訴老公，「你把那個女人帶過來，我們三個一起做愛吧！」

台灣性革命先驅何春蕤在大作《豪爽女人》中提到，「外遇的男人不是壞男人，但是，自己外遇而不准妻子或女朋友另謀發展，這種才是壞極了的男人。」

## 性冷淡，可能是女人潛意識中的報復行為！

性冷淡即性慾缺乏，對正常性生活不感興趣甚至是排斥，網路世代稱這種情況為「死床」。一般而言，男性與女性均可能患上性冷淡，不過以女性居多，尤其是在結婚生子後，女性性冷淡的發生率是男性的兩倍以上。

在醫學上性冷淡分為兩種，一種是比較罕見的缺乏性快感，另一種是比較常見的對性生活沒興趣，即性慾低下。前者可能與生理性疾病有關，後者則主要屬於精神心理範疇。

在心理學上，性冷淡的原因主要為精神壓力大、縱慾過度、夫妻關係不和諧與性知識缺乏。而對已婚或者已經生育的女性而言，夫妻關係不和諧與對性生活的認知差異是導致性冷淡的主要原因，有心理學家認為，性冷淡其實是女性對於婚姻生活不滿意的表現，這種對性生活的拒絕像是一種潛意識中的報復，最終導致無性婚姻。

## SEX & LOVE

# 為什麼婚姻關係總會由濃轉淡？

　　專家指出，處於一段長期關係後，性生活確實可能變得無聊，原因在於人的大腦中含有苯乙胺（Phenylethylamine，PEA），俗稱愛情物質，在婚後一兩年苯乙胺就會隨著做愛頻率直線下降，這也是為何許多專家與醫師都認同維持良好的性生活是延長婚姻保質期的關鍵。

## 有性，夫妻更幸福

　　性，源於人類的本能需求，渴望與枕邊人做愛本是天經地義，做愛時大腦除了分泌多巴胺（Dopamine），讓身體變得飄飄然，心情感到愉悅之外，下視丘還會分泌催產素（又稱愛情激素），能堅定夫妻間的互信與情感連結，有助於親密關係的維繫。

　　既然做愛的好處這麼多，如果無性的雙方都有心增進婚姻生活，不妨參考以下幾個方法，能幫助無性生活回春。

　　**1.生活中多一點軟性互動**：日常生活各自忙碌，交集也多是柴米油鹽，感情基礎弱化，稍有不爽就容易惡言相向，都說婚姻是要經營的，與另一伴相處當然也要用點心，溝通時多一點溫柔，生活中多一點溫馨互動，一起聊聊天、散散步、看一場電影，都能增加彼此的感情基礎。

**2.性生活也要有規劃**：枕邊人雖天天同床，但許多夫妻即使人到中年，談起性事還是會羞怯不已，其實「性」不只要做，也要溝通。很多人都會抱怨生活忙碌、沒時間，才導致性生活不美滿，但性趣絕對不是睡前邊工作、邊滑手機就能激發出來的，很多時候需要雙方共同營造，或是排除萬難一起製造浪漫，有共同目標，戀愛時情慾萌發的感覺就會油然而生。

**3.精進性愛觀念與技巧**：夫妻間缺乏性生活或許並非沒有需求，而是之前的性經驗讓某一方感到不舒服，像是性愛過程中感到疼痛、挑剔對方的性能力等，都可能讓對方心理受傷，自然對後續的性愛心存芥蒂。這時，貼心的你/妳記得要用更多的愛與耐心，好好引導對方，帶出他/她的性趣。記得，大腦是人體最大的性器官，當大腦想要了，身體才能愉悅地配合。

**4.尋求專業人士協助**：如果你們的性愛問題已不是自身能力能解決，可尋求某些醫院開設的「性福門診」來協助，由醫師或性治療師幫助解決床笫問題；由於專業人士天天接受患者性方面的諮詢，對這一類話題已經很熟悉，所以當你踏進診間不需要有心理負擔，建議帶著另一半一起接受診斷與治療，彼此敞開心胸，一起找出解決問題的方法。

## 無性夫妻，在人道上不妨考慮開放式婚姻

中年夫妻，婚姻生活經過多年的共處，已經累積了許多習慣，給兩人安定的感覺，即使夫妻間已經不再有親密的感覺，但大多不希望走向離異的道路。況且這時的男人體力已大不如前，為了生活和諧，不妨考慮互相開放性生活，反正兩人都像是繫著線的風箏，即便任其飛翔，也高飛有限，如果放寬彼此對異性交往的約束，以醫師的觀點來看，反而能激發人的生命力，增進生活情趣，幫助延緩老化！

## SEX & LOVE

## 給無性夫妻的性愛處方

1.夫妻坦承溝通，先生必須主動開口關懷妻子的性需求，妻子可以委婉地向老公表達自己的苦悶和空虛。

2.夫妻可以逐漸恢復肌膚的接觸，外出手牽手，一起洗澡，互相為對方抹肥皂，洗身體。

3.必須有一方主動，在床上撫觸對方的身體，比如先是輕柔的按摩，再來是愛撫對方的私處。

4.可以對性交做更廣泛的定義，不僅僅能依靠男人勃起的陰莖，還可以用手指頭及舌頭去挑動陰蒂的慾望，手指頭可以伸進陰道代替陰莖的動作，而且手指往往會比陰莖更靈活，更能隨心所欲且持久。

5.女人也可以主動用舌頭舔食男人的陰莖及陰囊。

# 第二章

# 愈來愈多女性
# 不婚、不生

# 單身人口比例年年攀高

　　根據內政部戶政司統計，2020年國人結婚對數為121,702，為近10年最低，而國人不婚的情況更持續向下探底，2021年截至11月底，國人結婚對數僅101,475，若扣除同性婚姻，異性婚姻只有99,842對。另根據台灣社會調查所2021年的調查，國內35歲以下未婚男性有結婚意願的比率為71.4%、女性為69.3%，顯見如今女性比男性更缺乏結婚的意願與動機。

　　關於結婚年齡，根據內政部統計，2001年國內男性平均初婚為30.8歲、女性為26.4歲；到了2020年，國內男性平均初婚為32.3歲，女性平均初婚則拉高到30.3歲，也就是說，時隔20年，國內男性平均初婚年齡輕緩的延後了1.5歲，女性初婚年齡則暴漲式地延後了3.9歲。而根據產科醫學對女性懷孕時滿34歲即稱為高齡孕婦，使得過去30年來，國內高齡孕婦人數從11%急速上升到超過40%。

## 20～49歲青壯人口單身比例將近六成

　　事實上，新世紀以來，國人從「晚婚晚育」，到近年已傾向「不婚不育」，且有持續惡化的趨勢。根據內政部戶政司2020年最新統計發現，國人20～49歲的整體有偶率（已婚率）僅41.95%，其中男性為38.3%、

女性為45.6%，即無論男女，已婚者都不到半數。

## 25～39歲有偶率統計表

|  | 兩性有偶率 | 男性有偶率 | 女性有偶率 |
|---|---|---|---|
| 25～29歲 | 14.8% | 11.2% | 18.6% |
| 30～34歲 | 38.3% | 32% | 45% |
| 35～39歲 | 56% | 51% | 61% |

## 不婚、不生，預告性行為開放時代來臨！

　　南韓近年也出現嚴重少子化的現象，不結婚或結婚不生育的人數都大量增加了，換句話說，單身男女也在大量增加，使得婚姻的約束力變得不再那麼重要，而這正是孕育性行為開放的環境，也預告性行為開放的時代將要來臨。

　　南韓生育率自2015年起不斷下滑，至2020年出現死亡數多於出生數的「死亡交叉」，這表示人口總數將開始減少。在經濟合作發展組織（OECD）的38個會員國中，南韓是唯一生育率低於1的國家。OECD各國平均生育率在2020年是1.59。

　　除了生育率持續下滑，南韓女性生育年齡也愈來愈晚，平均32.6歲才生第一胎，而10年前女性生第一胎的年齡是30.2歲。

　　包括南韓、台灣、日本等地，生育率低迷的原因可能都相似，包括工時太長、經濟衰退、房價居高不下等，讓許多年輕人晚婚或乾脆不婚、不生，他們的性慾或許不需要我們擔心，年輕人自有其抒發管道，但因為不婚、不生釀成的少子危機，除了是社會問題，也是國安危機，各國政府必須正視。

**SEK & LOVE**

# 不結婚，那就約炮吧！

　　現在的台灣女人都不太願意結婚，既然不想結婚，做愛時就不必投放感情，這樣心裡反而輕鬆，即使她約炮的男人是有家室的，她也不會有太大的心理負擔，又如果約炮的對象也是不打算結婚的男人，她更不必有心理負擔，大家好聚好散，而這應該是目前約炮盛行的原因吧！

# 女生選擇情人的條件

　　為了了解現代女性選擇伴侶的條件，我透過團隊發出一份問卷，在回收後做了統計/分析，或許缺少嚴謹的科學研究方法，但依據她們的回答，也確實呈現現代女性對於不婚/不生的一些想法。

　　**問題**：若不以結婚為目的，你會依據哪些條件選擇情人，請排列以下選項的優先順序？

　　1.性能力　2.言語談吐　3.身高　4.相貌　5.財富　6.學歷　7.社會地位

　　問卷不記名，發放對象為單身或偽單身（有伴侶，但已沒有享受性愛樂趣的感覺）女性。

　　**調查結果**：共發出200份，有38人未做答，回收有效問卷152份。

　　**年齡分析**：20～29歲15人（占10％），30～49歲105人（占69％），50～65歲32人（占21％）。

結果分析：

**PART I**

　　性話題是永遠都說不完的，因為這是上帝在創造人類時就設下的命題，如果人類對性的話題沒有興趣，今天就不會有你我的存在。

　　回歸正題，在統計調查結果時，我們將選項排名第一的給7分，排名第二的給6分，然後依照排位分數依序遞減，結果發現：

　　**排名第一的選項是「性能力」**！理由相當一致，女人們認為與男人交往的目的即是性愛，這是毫無懸念的，所以男人的性能力當然要列為首要考量，如果男人的性能力不夠強，勃起的陰莖不夠堅硬，使得堅持的時間不夠長，女性無法達到高潮，玩起來便沒有樂趣，而且男炮友最好是性愛高手，要懂得在前戲下功夫，後戲也要懂得體貼入微，才能成為女人心日中的最佳情人/炮友。

　　**排名第二的選項是「言語與談吐」**。超過半數的受訪者將這一點列為次要考量，相當符合一般女性的心理狀態，女人畢竟不同於

男人，男人看女人只要不嫌醜，可以不發一語就開始和女人做愛，完事後也可以不發一言提起褲子轉身離開，這樣的行徑女人一般是做不到的，多數女性表示至少在做愛前後可以聊一聊，雖然不是情人，也可以是另類的朋友！

**排名第三的是容貌**。長得帥的男人絕大多數女人都喜歡，面對容貌好看的男人，女人比男人更容易失守，不是嗎？但是在炮友族群中，俊帥的男人如鳳毛麟角，是最缺乏不過的了，因為長得帥的男人身邊自然圍繞不少女人，他要找上床的女人唾手可得。事實上，大多數尋找炮友的女性對這個現實都有所體認，所以對炮友容貌的要求並不會太嚴格，大多數認為只要看起來舒舒服服就可以，多數女人都會承認，找個帥男友的最大目的就是帶出門向其他女人炫耀，炮友既然不需帶出門，這個功能就免了，回歸本質，還是做愛的實力比較重要！所以男炮友的長相只要一般，不令人討厭，就可以接受。

**位列第四的條件是身高**。幾乎所有女人都希望男人不要比自己矮，但也不想要太高，大多數女性希望男伴在170～180公分，比自己的身高略高，在做愛時擁抱起來身材比較相稱，如果男方過高，例如高過女方10公分，擁抱時就沒辦法面對面舌吻。

**排名第五的是學歷**，位在財富及社會地位之前。大多數女性希望學歷在高中以上，她們並不崇拜高學歷，但基本上還是肯定多受教育的男性談吐較溫柔，說話更有料！

至於有錢與否，女人普遍並不重視，又不是被包養，兩人的來往純粹是滿足性慾，但也不能是一窮二白，多數人認為起碼要有輛車子，這樣進出摩鐵較方便且安全。

受訪的女性皆認為社會地位不重要，因為彼此的關係不是用來

炫耀，而且對方如果另有婚姻關係，一旦被媒體曝光反而會惹來麻煩，所以社會地位被認為最不重要。

## PART II

　　以下是其他性意向的統計/分析：

　　1.50歲以下的女人，120人當中有116人（佔96％）表示希望有固定的炮友，其中有38個已婚的女人表示，如果有機會她們也願意找炮友，因為她們在婚內的性生活已經沒有享樂的感覺，變成了例行公事，通常是草草了事。

　　2.50歲以上的女人，32人當中有22人（佔70％）想要有固定的炮友，其中10人為已婚，她們表示和丈夫已經有好幾年都過著無性的生活。

　　3.不管年齡層，大家都有一樣的苦悶，就是沒有管道認識男人。

　　其實針對「沒有管道認識男人」，在今日的網路時代這個問題並不大，只要放開心胸，機會俯拾即是，畢竟，滿街早就都是寂寞的人。

# 單身女性的情慾

　　由於台灣單身女性人口數逐年攀高，女性追求生活滿足是自然不過的事，這使得眾多的非婚姻性生活已經悄悄地在進行，女人擁有一個或一個以上長期或短期的性伴侶已經不足為奇，她們對婚姻的態度已經轉變，並在實際生活中為自己的情慾尋找出路，這個現象值得我們正視和重視！

　　傳統的妻子藉由對丈夫在性方面的順從，可以得到很多生活上的好處，但單身女性為什麼要接受一段不滿意的性關係呢？如果這個男人的性生活與她不合拍，那就換一個，因為守著這個男人對她不會有什麼好處。

　　沒有證據顯示男人的性需求比女人強烈，傳統社會容許男人可

以尋花問柳來排解性慾，但卻普遍壓抑女性的性需求。有些女性沒想過或不敢想像自己會有強烈的性慾，一些離婚女性分辨不出她們的身心焦慮來自何處，某位單親女性說她在跟別的女人聊天時，才發現自己的焦慮正是來自性壓抑。

單親女性應該正視自我的生理需求，充分實踐性自主，正當享受情慾、性慾帶給人的身心幫助。如此，單身女性才能真正得到性別自由、自在與平等。

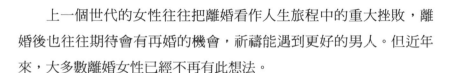

### 離開婚姻心更寬

上一個世代的女性往往把離婚看作人生旅程中的重大挫敗，離婚後也往往期待會有再婚的機會，祈禱能遇到更好的男人。但近年來，大多數離婚女性已經不再有此想法。

我近日接觸過的離婚女性，大多數都表示逃出婚姻讓生活輕鬆不少，且她們已經受夠了一次不愉快甚至可說是痛苦的經驗，做夢也不想要再陷入婚姻的泥沼，二度單身的日子她們快樂極了！另外根據統計，學校中單親的學生也愈來愈普遍，他們不再因為父母離婚而感到自卑或與眾不同，顯見社會各階層對於離婚這件事已經能成熟對待。

女人離婚後可能成為單親或者單身，如果不想再婚，她們選擇的男性對象必然要以解決情慾為主，只要稍微喜歡或不討厭就可以上床，做愛之外避免去談感情，不願介入對方的生活，也不希望對方介入自己的生活。如此，女人可以維持自己獨立自由的生活，還可以繼續交往新的男朋友。所以對離婚後想解決情慾需求的女人來說，約炮成為一種新穎的選擇。

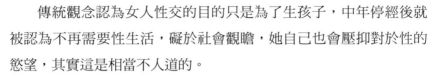

## 女性中年以後還需要美好的性生活嗎？

傳統觀念認為女人性交的目的只是為了生孩子，中年停經後就被認為不再需要性生活，礙於社會觀瞻，她自己也會壓抑對於性的慾望，其實這是相當不人道的。

30年前，台灣女性平均壽命約65歲，2021年時延長為85歲，這表示女性在50歲之後仍然有30～40年的人生，而且經歷數十年的努力，中年時手頭也比較寬裕，如果身體還行，追求滿足情慾給自己更快樂、更美好的生命是有必要的，尤其在這個階段，同齡男性的性能力往往都大幅衰退了，社會何不放開心胸，鼓勵中年以後的女性多交幾個男朋友，開心約會？

最近在醫美診所裡，有愈來愈多50歲以上的熟齡女性前來打臉部美容針、抽脂瘦身，更多人做陰道雷射或是做陰道整型手術，希望讓陰道回復緊實。問她們性生活的對象，許多都是比她們年輕10幾歲的小男友，說起這些經歷，她們很自然地露出喜悅的神情，展現成熟撫媚的風韻，由此觀察，台灣女性在中年過後的情慾生活已經普遍開展起來，愈來愈多熟女勇於追求美好的性愛，對自由成熟的社會來說，這無疑是個好現象。

## 情慾已經開發的女性，應該同時多找幾個性伴侶

喜新厭舊是人類的本性，一個對象在一起久了一定會生膩，且男人和女人都一樣，這如同婚姻關係中的兩性狀態，剛認識時因為新鮮感，做愛時會特別刺激，感受也特別強烈，但情慾的熱度會因為對象愈來愈熟悉而遞減。

　　初在一起時只要有肉體接觸，即使是最簡單的性交姿勢就能很滿足，之後兩人的接觸若要有初戀時的激情，就需要更親密、更深入的探索，且強度只有增加不會減退，每一次都需要更大的刺激才會滿足，但是性愛的模式有限，發展到了極致便沒有更多的花樣，妳再也無法從他身上得到更大的做愛享受，情慾遲早會因為熟悉而降溫，最後成為例行公事。

　　為避免情慾降溫，女性不妨多找幾個性伴侶——當然是要經過篩選的，由於每個男人有不同的特色，具有不同的情慾風格和做愛技巧，輪流和他們約會比較不會生膩，女人的情慾活力也比較不會枯萎凋零；另一方面，當女人情慾發動的當下，急需獲得滿足的時候，若A男友的時間無法配合，B或C男友隨時可上陣。

# 女性大膽看A片，
# 幫助提升性敏感

　　由於網路發達，現代人看A片真是太容易了，從手機就能毫無困難地進入網站。別以為只有男人愛看A片，其實看A片的女人也不少，把看A片當成休閒已經成為常態，好友之間經常會互相傳送。只是對於現有唾手可得的A片，有女性性開放倡導者認為，這些多是在父權文化下用男性視角所拍攝，所以開始有女性攝影師試著用女性視角來拍A片，在我看來，實在很難分辨出兩者間有什麼顯著差別。

女性大膽放開心靈看A片，可以幫助開發及提升自身的性敏感度，女性如果能有更飽滿的情慾，就能更多掌控自己的性愛，並可引導性伴侶幫助自己得到更美好的性愛，知名性學專家貝蒂・道森（Betty Dodson）說，「女人應該學會跟自己做愛，解放情慾享受身體的反應，放開道德的束縛！」女性看A片就是一種平權，不需要因為愛看A片而覺得不好意思，因為多看A片可以為自己建立「性愛資料庫」，當遇到不同情境、不同對象，「性愛資料庫」裡的情節就能很好地派上用場。

既然兩性都有性需求，性幻想就不應該是男人的專利，平時在大腦中多存放一些情色畫面，就能更容易感受到性愛帶來的歡愉感。女性也應該建立自己的秘密情慾空間，建構屬於自己的情慾資料庫，培養情趣、保持情慾熱度，並且誠實面對自己的身體，如果能了解自己的情慾和身體需求，和伴侶做愛時就能更快融入狀況；對性愛擁有一套自己的想法和做法，就能幫助性愛更加美好。

## 女性視角的色情影片，踏出女人性關係弱勢的第一步

千篇一律以男性視角為觀點的A片如果妳已看到厭倦，不妨試試近幾年開始流行專為女性情慾需求打造的「給女人看的A片（Female Porn）」。什麼是給女人看的A片？我們可以先從女人喜歡看的A片類型說起。

美國網站HuffPost Women與Buzzfeed的合作研究顯示：女性在搜尋A片時最常點的關鍵字為Lesbian（女同性戀），其次為Gay（男同性戀）、Teen（青少年）；另外，女性在觀賞A片前最常輸入的關鍵字，包括：「pussy licking（親吻私處）」、「orgasm（性高

潮）」、「lesbian scissoring（女同性戀的摩擦體位）」，而這些是有別於男性榜上的關鍵字。

　　對多數女性來說，她們最渴望的是性愛前的溫存，更在乎的是性愛中的細節，溫柔的愛撫則是開啟美好性愛的關鍵。曾倡導女性性解放的英國哲學家羅素（1872～1970）在《婚姻與道德》一書中提及：「傳統道德教育使女性把性視為一個罪惡，極大地束縛了她們的本性。性恐懼教育一直被認為是使女性保持『貞潔』的唯一途徑，於是人們總是故意把女性教育成身體和心靈上的怯懦者。致使性交對絕大多數女性來說都不是件快樂的事，她們在婚姻中之所以能忍受性交帶來的痛苦，只是出於義務。」

　　羅素的主張為女性爭取性平權踏出了重要的一步，後人經過了將近半世紀的奮力爭取，使女性性平權又向前邁進了一大步，法國女性主義學者西蒙波娃（1908～1986）說：「男人有性慾需求，女人同樣有；不但有，而且一樣強烈！」

　　過去的女性在性事上普遍扮演被動的角色，即使性慾為與生俱來，社會價值觀卻使多數女性不敢像男人一樣主動談論性話題、正視自己的慾望，甚至將性視為一件羞於啟齒的事。但現在，改變正在發生，女性有情慾已被認為是很正常的事，女性看A片更已普遍化、娛樂化，活在21世紀，對女性看A片有不潔的念頭才是一件令人奇怪的事。

　　現代女性不只要看A片，還要看為滿足她們情慾需求而拍攝的A片，如果只是從男人視角，那樣的A片還是把女人當作性的附屬品、玩物，新時代情慾女性要用自己的觀點詮釋性愛，以思想做為爭取性慾平權的基點，勇敢地擁抱情慾，快樂做愛！

## 為女人量身的A片網站

　　現在，不只男性會在網路上尋找刺激，根據美國情色網站調查，有31%的女性會透過網路尋覓屬於自己的激情，且這項數據每年都在不斷成長中，以下介紹幾個為女人量身的經典A片網站，有別於傳統A片主要採男人視角，這裡的A片有截然不同的風情。

### ● *retroraunch.com*

　　以「思考人的成人網站」為名號，共收藏了4.7萬張過去100年來裸露的性愛黑白照片，原汁原味呈現最真實的情色圖片。

### ● *graciebaby.wordpress.com*

　　這是格雷西（Gracie）充滿情色意涵的部落格，裡面寫了許多她親自經歷的性愛故事，雖然這些故事並沒有什麼特別的情節，卻是激情無比。

● *redlightcenter.com*

喜歡網路遊戲的人一定會覺得這個網站很熟悉，這裡允許你自創一個角色，然後去跟虛擬世界裡的其他角色互動，但如果你想要激情的脫衣秀，必須額外付費！

● *literotica.com*

這個擁有數百個情色故事的網站可以滿足你的性愛幻想，不只如此，你還可以撰寫自己的情色故事與別人分享，如果故事讀得太累了，還可以玩玩免費的情色小遊戲。有什麼比原本吃鬼魂的小精靈改成吃男性生殖器還來得有情趣呢？

● *xconfessions.com*

這個網站由數名期許帶給觀眾多元又有質感的情色片的女性所創立，贊助10位女性導演拍攝她們自己的性愛幻想，提供有別於傳統只取悅男性的激戰型A片，而是真實又親密的唯美色情片。

● *Jenmadison.com*

為人母人妻的珍（Jen）不但每週提供兩次線上直播秀，還在家裡設置了三個網路攝影機，提供24小時不間斷的激情影像。如果妳覺得影片不夠刺激，可以寫信告訴珍妳想要看什麼畫面，只要她力所能及，一定會滿足網友的需求。

● *ifeelmyself.com*

這個網站與具有自然風格的女演員合作，運用巧妙的拍攝手法來讚頌女性性高潮的美，影片類別分成「單人」與「雙人」，作風大膽，讓人不自覺融入影片的情境中。

● *trenchcoatx.com*

這個網站由AV女優詩特亞（Stoya）所創辦，特色為提供

非主流的內容,並在影片設置「太棒了(Squee)」與「太噁心(Squick)」的選項,以了解觀眾喜歡的影片類型,另外它還提供關鍵字查詢,讓觀眾能更快找到符合自己興趣的影片。

### ● Kink.com

如果你的腦海經常會浮現一些稀奇古怪的「變態(kink)」畫面,那麼這個網站絕對很適合你。這裡的影片常會看到一些讓人頭皮發麻的綁縛繩與各種虐待器具,但支持者認為這是以非常正面的態度去探索愉虐式性愛(BDSM)。

### ● Pornhub.com

全球第三大成人網站,被視為「色情2.0」的先驅,使用者可免費觀看該網站上的色情影片,也可將自拍的色情影片在經過網站驗證通過後上傳到網站;此外,也有許多專業製片商會上傳色情影片,內容頗為多元。

以上網站部分為免費,部分需要付費,依據妳的口味與需求,找時間上網看看吧!

# 第三章

# 全球掀起
# 性解放浪潮

# 發明避孕藥為
# 性革命浪潮推波助瀾

性解放，又稱性革命，是一種社會對性觀念，包括性別、性傾向、性關係以及性行為上所受到的所有壓迫的解放。

性解放伴隨女權運動及民權運動而起，於上世紀60年代左右開始受到世人關注，主要的著眼點在人際關係，尤其是性關係及性行為，並涉及了一些傳統社會中性與家庭觀念的議題。

性解放大致可分為「性開放爭取」、「女權主義性解放」與「LGBT（指女同性戀（Lesbian）、男同性戀（Gay）、雙性戀（Bisexual）、跨性別者（Transgender））性解放」三個發展時期，不過這三者分別由不同群體、針對不同壓迫與爭取不盡相同的權力，彼此間可能有時間或參與群體的重疊，但並不相互隸屬與等同。

有一些觀點認為，1960年代由於避孕藥的開發及上市，在全球引起了性倫理及墮胎的爭論，這些爭論逐漸擴大並向外傳播，最終引起了各國的性解放浪潮。

由於當時的性解放論點涉及了開放性婚姻（open marriage）、交換配偶（swinging）、性伴侶交換（swapping）與群交（group sex），而這類因為性行為開放所衍生的性傳染病與墮胎等相關問題，促進了人們對安全性行為的重視，到了1980年代，安全性行為進一步因為愛滋病的流行而更受到世人的重視。

近代的這波性解放運動在內容上大致可分成三個層次：

**1.知識**：也就是性的理性啟蒙，提供人們對性的正確認知，在性道德的討論時擺脫宗教和傳統觀念的束縛，佐以科學實證，使性的議題能得到真正的理性討論。破除對性的迷思，掃除處女情結，抵抗對非處女的歧視。傳統社會認為女性不應該追求性歡愉，但男性追求性歡愉社會的評價卻是「風流」，這就屬於知識上的一種性壓迫。

**2.性別平等**：人不應該因為性別而被分成不同的權力階層，或因此遭到壓迫或歧視，也不應該因為自身的性偏好、性取向、性生活方式、性實踐、性身分等，而造成在經濟、政治、社會地位、文化等資源和物質利益上的分配不平等。過去，同樣的事發生在不同性別的人身上，會得到不同的社會評價就是一種「性」歧視，例如「老少配」，老夫少妻、老妻少夫，常常會受到社會眼光截然不同的看待。

上世紀90年代後，LGBT團體也開始爭取LGBT人權及平權的性革命。LGBT群體與女權主義所爭取的權利有所不同，一開始是同性性行為除罪化，到後來是同性婚姻合法化與婚姻平權。

**3.自由**：不管男性女性，對自己的身體都有自主選擇權，在不妨礙別人的情況下，可自由選擇喜歡哪種性行為跟追求性愉悅的方式。且不管選擇性開放或性保守都是個人自由，任何人沒有權利對他人的選擇進行法律或道德壓迫。

## 追求性解放者力倡廢除通姦罪

近代以來，追求性解放的人也極力推動通姦罪的廢除，原因在於他們認為，只要是在雙方合意的情況下產生的性行為，屬於個人自由，因此不應該用國家的力量去懲罰，或是受到社會觀感的壓迫，他們認為現行的通姦罪是透過國家力量去干涉個人追求性自由，因此應該廢除，並認為廢除通姦罪是社會進步的重要指標。

擁有性解放精神，代表能以理性、符合事實的態度去理解並認知「性」，並避免因為「性」而造成他人的壓迫，支持打破社會因為「性身分」而構成的「性階級」。

性解放的倡議雖然已得到多數人的認同，但也不是無所限制，必須有兩大前提：

1.有自制力可以控制自己的性慾，也不強迫他人。

2.對於喜愛的人，可以擁有對方，但不能有想控制的慾望。

若沒有這兩大前提，性解放將成為淫亂，後續所帶來的爭寵、嫉妒、控制、傷害等，將給人類帶來無休止的災難。

## 追求女性性快感，為女性真正獨立奠定基礎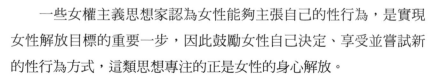

一些女權主義思想家認為女性能夠主張自己的性行為，是實現女性解放目標的重要一步，因此鼓勵女性自己決定、享受並嘗試新的性行為方式，這類思想專注的正是女性的身心解放。

如同台灣性解放先驅何春蕤教授在1994年出版的《豪爽女人：女性主義與性解放》一書中所描述，女性主義的性解放運動首要的就是一個充滿解放活力的論述實踐運動，更準確地說，是一個提升

女性愉悅、開發女性身體、充實女性情慾、解放女性性愛，同時強力挑戰並攪擾父權體制的抗爭論述實踐運動，是一個看清了愉悅與權力有共生關係的解放運動。

書中也提到，「追求性自主和性解放的多元新道德秩序，就是一個不壓抑女性，不扭曲情慾，讓每個人都充分發展自我的新多元社會。」

一般人會認為兩人先有愛再有性會比較愉悅比較爽，但即使你的性愉悅不能沒有愛情先行，你也不能規定別人都非得如此不可，事實上許多人的經驗都可以證明，和不相識或初相識的人做愛比較沒有顧忌，不必擔心形象得失，反而做得更自在，感覺更棒，還會因為陌生的新鮮感而覺得特別興奮，對他們而言，無愛之性一點也不減損其爽度。

或許你還想問：做完了愛就走開，難道不會留下什麼嗎？我想你大概還是把做愛看得很嚴重，不錯，有人會因為做得很爽想有下一次，甚至在爽中發展出某種比較長遠的關係，但也有人只想做這麼一次，經驗一下不一樣的人，多一點快樂的經驗，延展一下自己的情慾範疇，證實一下自己的魅力，這都有可能，但都得試過才知道，何必先自我設定結果呢？看情況自然發展吧！所以，別先設定情慾經驗一定要有愛情先行或同行，在這個忙碌疏離的社會裡，能找到情慾經驗的機會已屬不易，應該好好把握！（以上摘錄自《豪爽女人》，何春蕤）

附帶一提的是，美國最高法院於1973年羅訴偉德案（Roe v. Wade）的判決中指出婦女的墮胎權受到憲法保障後，女權組織開始爭取女性的墮胎權及避孕權；然而，該法案在實行近50年後的2022年卻遭到推翻，此舉激起了支持選擇權（pro-choice）的人士憤怒和

絕望，也令那些支持反墮胎的人高聲歡呼，他們表示，「為了走到今天這一步，已經奮鬥了近50年」，只是法院的決定沒有讓事件平息，反而在美國各州設下可能產生的法律挑戰，意味著關於墮胎權的鬥爭將會在未來幾年內持續發酵及被關注。

## SEX & LOVE

# 國際女性高潮日，努力讓女性同胞「高潮迭起」！

每年的8月8日除了是我們認知的「爸爸節」，在國際上它還是被稱為「女性高潮」（International Day of the Female Orgasm）的節日，它的起源是因為巴西西北部皮奧伊州一個小鎮的一名政府官員，為了補償平日因諸多公事無法滿足老婆的「房(事)債」，特別在這一天「獻身」給老婆，並將之定為「女性高潮日」，讓老婆在這一天總算可以不須再抱怨。

這個節日後來逐漸傳到中南美洲的多個國家，再接著傳到歐洲和全世界，最終變成了普天同慶的「世界女性高潮日」，人們在這天會舉辦諸多的慶祝活動，讓女性同胞「高潮迭起」也是其中重要的一項！

# 女性可以大膽說出，
# 我要爽！

　　其實做愛是男女兩人共同參與促成的好事，不單是男人要爽，女人也同樣要爽，女人不可連說出「我要爽」的機會都沒有。

　　在由男人主宰性權力的社會，男人做愛可以大聲說他很爽或者不爽，對女人做愛的表現品頭論足，聚會時高談闊論，反觀女人在性愛時普遍處在被動、緘默，絕少主動對男人提出做愛的要求。女人之間的聚會，更忌諱談論男女性愛話題，唯恐被批評為不知羞恥，因為傳統文化如千層烏雲壓頂，把女人的性慾深深埋在內心底下。

處在這種不對等的文化之下，男人在性方面是主動、獵取的一方，男人看到女人的身體是賺，如果自己的身體被女人看到也是賺，女人的身體被看到是賠，如果自己看到男體也是賠，情慾的流動，男人無論如何都是賺，女人無論如何都是虧。

男人儘管已對女人山盟海誓，對於新發現的女體照樣流露性慾被視為理所當然，已經為人妻的女人對別的男人表露情慾，則被譏為淫蕩。

所幸現在已經有愈來愈多的女性開始擺脫傳統情慾「賺」和「虧」的想法，她們開始做身體的主人，主宰自己的情慾，在兩性關係上採取主動，不再居於被動。女人的身體不再需要男人出價碼，因為情慾無價。

當代社會變遷，女人受教育和就業帶來的經濟獨立契機，為她們的性自主打開更大的空間，新時代女性不需要像傳統保守的女性一樣，把一生寄望在長久但平淡的愛情，固守在穩固但呆滯的婚姻，男人不再能用婚姻來綑綁她們，社會也無法再用習俗來限制她們，這使得走出婚姻的女人愈來愈多，單身的女人也愈來愈多。

「豪爽女人要的是沒有牽連、沒有綑綁的自由相會，她們要的是來去自如的短暫聚首。如果她們喜歡某人（不管是男人或女人），願意多待一陣子，或者待更久一些，她們也不會因為這個關係而自我閹割情慾。她們最討厭的是那些拚命想用一生承諾綑住她們行動的純情男子，那些想要她停駐下來僵滯一生的男人。」

何春蕤教授在20年前倡議的「豪爽女人」當時被認為是驚世駭俗，20年後的今天，支持女性性解放的社會條件已經臻於成熟，還不斷向著豪爽女人的道路邁進，且後生可畏！

## 做愛當下，誰得到更多？

在做愛的享樂上男人和女人向來都是平等的，因為男人在做愛的當下無不用盡心力想要給女人製造高潮，這時候男人的心情是不會有優越感的，他會忍住不要太早射精，因為陰莖挺住愈久，才能給女性愈長時間的享受，為了不要太早射精，很多人甚至會使用威而鋼及能持續不射精的藥物，一切用心無非就是想要給女人更多的享受，所以在做愛當下的形勢應該是女尊男卑。

有人會説在做愛的過程多數都是男人主動、女人被動，但就公平性而言，女人確實必須等待男人的陰莖勃起才能進入，但男人用陰莖插入、衝撞女人，兩人同時享受快感，這時刻已經沒有尊卑之分！況且女人有時騎坐在上位，等於是女人主動在反向抽插陰莖，或是男人、女人互相替對方口交，所以主動、被動真的很難區別！

# 我的情慾我做主！

　　情慾的實踐必須在不同情境、不同對手、不同條件，才能營造出多元多樣且豐沛無比的快感模式。女人經歷情慾衝擊，操練肉體感覺與性幻想的配搭過程，也正是女人建立自主性，掌握自己身體和情慾的過程。

　　過去，女人只要表現出對情慾的興趣和好奇，就會被烙上淫蕩之名，男性卻能擁有較大的空間發展自己的情慾。在無性或性慾被壓抑的生活中，未出軌的女人她的情慾已被仇恨和哀怨浸透，情慾已經凍結的女人則壓抑自我和他人的情慾，這樣的人正是情慾必須解放的對象，讓她們能大膽說出「我要性高潮」。

　　高潮（Orgasm），在希臘語代表著膨脹、興奮，根據維基百科的解釋，性高潮是一連串累積的性歡愉後，達到類似瞬間放電效果的感受。臨床心理學家丹尼爾‧薛爾（Daniel Sher）表示，性愛時大腦的部分邏輯會關閉，負責理性、決策、邏輯的外側前額葉皮質會減少運作，同時影響到焦慮、恐懼情緒。當達到性高潮時，大腦會產生不同的激素，其中一種是多巴胺，讓人們感到愉悅、慾望和動力。

　　性高潮是一件很奇妙的事，它會讓人們感受到很直接的慾望驅動和慾望滿足，這種滿足感愈高，人們在生活的其他部分就會感到更加自信與強大。

　　一般認為，男性比女性容易達到高潮，但根據醫學原理，女性的性敏感帶其實比男性更廣泛，所以有更多的方式可以達到高潮。只要多花點心思，多與伴侶溝通，並且理解自己的身體，妳的身體

就會有無限潛能。不妨試試以下的方法，刺激不同的身體部位，讓自己嘗試前所未有的性高潮。

**1.陰蒂高潮**：陰蒂擁有密集的神經末梢，唯一的功能就是產生性快感。要嘗試陰蒂高潮建議妳先用手指（先別用性玩具）嘗試在陰蒂周圍畫圈搓揉。由外至內，慢慢搓揉到陰蒂，再由內至外。感覺身體的反應，並嘗試不同的觸摸方式，直到找到能讓妳興奮的觸摸法。

**2.G點高潮**：G點一般被指位於陰道的前壁內，屬於尿道海綿體的一部分。要嘗試G點高潮，建議把中指放入陰道，慢慢找到一個波狀的區塊，藉由手指或性玩具以搓揉或振動的方式挑逗，直到搜尋到那個讓妳飄飄慾仙的位置。

**3.綜合性高潮**：指由陰蒂刺激結合其他形式刺激同時引發的高潮，例如妳可以同時搓揉乳頭和G點來達到高潮，但最常見的還是陰蒂和G點的刺激組合。想要嘗試綜合性高潮，建議在挑逗G點的同時也搓揉陰蒂，或是輕捏乳頭、輕咬耳垂、刺激肛門都可以，不過多數女性在尋求多重刺激的自慰時，較常採用揉捏陰蒂搭配其他部位的刺激來達到綜合性高潮。

**4.肛門高潮**：陰道後壁貼著直腸，所以直腸受刺激時也有可能產生性快感；此外，陰蒂腳與肛門相連，因此撫弄肛門也可以帶來高潮。要嘗試肛門高潮，建議將手指沾滿潤滑液後緩緩伸入肛門，像抽插陰道一樣，朝肚臍方向抽插，可以體會到直腸部位受刺激帶來的快感。

**5.C點高潮**：指子宮頸和子宮周圍神經末梢受刺激而出現的快感，子宮頸高潮是累積起來的，所以建議妳在快要高潮時，請性伴侶用性玩具或手指深度抽插，讓妳的子宮也可以產生快感。

**6.乳頭高潮**：當乳頭受到刺激時人的大腦會產生催產素，幫助外

陰充血，讓妳達到和子宮頸高潮、陰道高潮一樣的快感。要嘗試乳頭高潮，建議用指腹從外朝內畫圈即可，也可以用拇指和食指揉捏乳頭。有些人喜歡性伴侶吻舔、吸吮乳頭，甚至用情趣用品刺激，喜歡哪一種，妳可以多嘗試，找出自己最愛的方式。

**7.核心高潮**：指在反覆刺激肌肉過程中產生高潮的現象。核心高潮通常出現在兩種情況，一是跑步期間，由於大腿在跑步過程中可能會相互摩擦，間接刺激到陰蒂而引發高潮；二是進行核心運動時，有些女生在做仰臥起坐、橋式或瑜珈這些運用到核心肌群的運動時就會產生快感。

**8.性幻想高潮**：想像一個愉快的性愛情境，無限制地自由探索，激發內心最深處的渴望，並搭配呼吸，讓身體產生高潮反應。

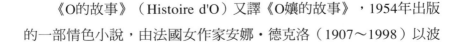

## 取悅男人的性奴，最終發掘自己無上的幸福——《O的故事》

《O的故事》（Histoire d'O）又譯《O孃的故事》，1954年出版的一部情色小說，由法國女作家安娜・德克洛（1907～1998）以波

莉娜・雷阿日為筆名創作，是一本關於性虐待的現代文學，書中描述名叫「O」的巴黎時尚圈女性攝影師被性虐的故事。

O經常提供自己給與她所屬的秘密社團中的男性口交、性交、肛交，她經常被剝衣、矇眼、綑綁、鞭打，她的肛門因為不斷被插入並一再更換更大的塞子而擴大，她的陰唇被穿環、臀部被烙印。

O對她的情人勒內絕對服從，只因為她認為服從可換來情人的愛情與忠貞，勒內帶她到戴高樂城堡，將她交給他同父異母的哥哥史蒂芬，讓O學習去服侍男人。O後來愛上了史蒂芬，也相信他同樣愛上她。

夏季來臨時史蒂芬將O送到一棟老舊的公寓，這裡住著準備接受有關服從進階訓練和身體改造的女性。在這裡，O同意接受印有史密斯先生姓名的鐵環穿過她的陰唇，以此作為史密斯先生對她身體所有權的永恆印記。同時，勒內鼓吹O去引誘小模賈桂林到戴高樂城堡，當賈桂林看到O的鎖鏈和疤痕時感到十分嫌惡，但她同父異母的妹妹卻迷戀上O，乞求O帶她到戴高樂城堡。

在一個大型派對上，O作為一個性奴，幾乎全裸，僅頭上戴著貓頭鷹面具和藉由穿過她身上的金屬環而纏繞著的皮帶而已，賓客把她當成物品一般對待。她是個性奴嗎？不是，在她心裡，眾多同時

與她玩性愛遊戲的男人才是取悅她的性奴。

這本書將女性形象和心理矛盾表述得相當透徹，她們既需要解放又需要庇護所，O在一座封閉城堡內變身為性奴，在一場又一場肉體和心靈的歷險中向至高的性歡愉徹底屈服，最終發掘自己無上的幸福。

# 20年後
# 再看璩美鳳光碟事件

前主播、政治人物璩美鳳，因行事風格果斷，加上亮麗的外型、清晰的口齒，20幾歲就坐上主播台，頂著高知名度，28歲再以第一高票當選台北市第三選區市議員。但她爭議不少，曾因揭發疑似收取宋七力政治獻金與謝長廷鬧上法院，之後又爆出情色光碟轟動一時。

2001年，擔任新竹市文化局長的前媒體人璩美鳳，與當時擔任新竹市市長的蔡仁堅為情侶關係，但璩好友郭玉鈴不滿璩劈腿，加上兩人有財務糾紛，於是郭玉鈴指使徵信業者在璩美鳳新北市淡水海悅大樓裝設針孔攝影機偷拍，結果拍到璩與曾某、周某等男性的性愛畫面。郭事後以偷拍畫面向媒體兜售，《獨家報導》周刊買斷影片，報導相關事件並隨附光碟，一時洛陽紙貴。

影片曝光後，璩美鳳在一個星期後公開露面向公眾道歉，之後

對包括蔡仁堅、郭玉鈴、《獨家報導》創辦人沈野、發行人沈嶸等11名被告提出高達1億元的民事賠償。另外，璩、蔡二人亦在檢察官面前進行對質，璩指控蔡仁堅帶郭玉鈴去裝針孔，告蔡仁堅為主謀，但蔡否認；璩後來對蔡撤告。

璩美鳳在光碟事件後，出版書籍、上各大節目求轉型卻不太順利，遠赴英國攻讀博士，於當地結識小14歲的大陸男子Simon並結婚，不久後離異；45歲梅開二度嫁給台商余雙崙，生下一子，未料兩人情感轉淡，最後離婚收場。

經歷人生大風大浪，璩美鳳認知自己或許不適合談戀愛，便不再特別追尋，將生活重心放在育兒和事業，轉戰網路節目當主持人，重現當年媒體人的風采，雖然不像昔日有名氣，日子過得也還算愜意，也幾度欲重返政壇，靠著她長袖善舞的作風仍能引來媒體的關注，但選民不買單，每次皆鎩羽而歸。

回觀這個事件，璩美鳳可謂生不逢時，因為20年前的台灣社會對性事觀念仍顯保守，對女人多樣精采的性作風仍然視為淫蕩，加以媒體喜歡對名人的性事大肆渲染，鉅細靡遺的報導，以滿足大眾的好奇心和偷窺慾，所以對當事人的傷害至深，但這個事件若用今日的眼光來看，璩美鳳實在很冤，因為當時沒有社會力量的支援，又因為性愛光碟被廣泛流傳，以致造成她內心的重大傷害。

今日，我們不妨用另一種角度來看這個光碟事件，如果璩美鳳當時能轉個念頭，向拍過三點全露影片的女星舒淇學習，「把我美好的身體讓人欣賞，何壞事之有？」僅是一念之間，璩美鳳可以落落大方地接著過正常的生活，不必躲藏、不必心虛，每天把自己打扮得漂漂亮亮，笑容滿面，繼續出現在各個場合，打敗媒體，打敗大眾負面的觀感，翻轉局面，開創更美好的前程。

# 老年有性更健康

　　媒體驚爆：桃園榮家舉辦中秋月光晚會，特意為行動不便的長者安排15分鐘的小型演唱秀，影片中身材窈窕穿著性感的辣妹，不只大方地拉起長者的手揉胸、順勢把長者的頭埋入酥胸，隨後斜坐在地上，抬起雙腿，在長者面前賣力展現劈腿絕技，大尺度「極樂片」流出後引發社會軒然大波，桃園榮家出面道歉，表示日後舉辦類似康樂活動會更加謹慎。對此，精神科醫師則有不同看法，直言：「安養院上演脫衣舞沒什麼不好！」

　　消息曝光後，網友紛紛表示「太同意了，能夠燃起熱情活力的，都拍拍手」、「何必那麼假裝呢？表面上道貌岸然，正義魔人，私底下還不是一樣的需求」、「阿公都被激活了……」、「之前看了這影片感覺不舒服，可是聽醫師這樣子講好像有道理」、「真的！他們都活到那麼老了，生活無趣真的會得憂鬱症，開心就好！管那麼多世俗的條條框框」。

　　不過也有人認為「好刺激唷，會不會影響心臟健康？」、「色

情表演，每個人的接受度不同，就算有益健康，仍要考慮很多因素」、「我們的社會有時會矯枉過正或道貌岸然，不過這都是人們不同價值觀之間的衝撞，有時難說對錯或好壞」。

其實，把脫衣舞搬進安養院表演國外老早就在做了。2014年，美國有安養院上演猛男秀，看得老人家心花怒放。老人家跟年輕人一樣也有情慾需求，這類表演可視為一種滿足性慾的管道，只是這種公開場合若要安排類似的活動，最好還是要顧慮得細緻一點，或許不同性別的長者有不同的需求，或是不同性格的男性長者對表演的辣度也有不同的喜好，沒有區隔地強迫大家觀賞，確實有些不妥，平白讓善意蒙了塵。

## 無論年齡，都應該享受性愛帶來的滿足感與幸福感

對親密行為的渴望會隨著年齡的增加而減少！這純屬一種偏見，再加上國人觀念普遍較為保守，不願公開討論性慾及缺乏正確可用的信息，也導致許多老年人的性功能及性生活品質下降。

當然，性慾一般會隨著年齡增長而改變，例如，對性的普遍慾望可能會減低，也可能需要更長的時間才能喚醒性慾，或者對某些刺激的反應會有所降低，但不管幾歲，我們的身體仍然會對觸摸有反應，通常只需要開始觸摸自己或伴侶，就可以引發性慾了。

從生理層面來看，性是人一輩子的正常需要，並不會因為年齡增長而消失。需留意的是，由於長者的身體狀態已經不及年輕時，大部分老年男性都需要較長時間或較強刺激才能維持陰莖勃起的狀態，射精強度亦會減弱；至於女性在過了更年期以後，由於陰道分泌減少，故需要有較長時間的性喚起，性高潮強度亦會減弱。

那多久有一次性生活是健康的呢？根據美國學者提出的「性愛頻率公式」，健康性生活頻率公式為：

> **性愛頻率＝年齡的首位數×9**
> **所得數字的10位數為一個性愛周期，個位數為性愛次數**

舉例來說，60歲長者的性愛頻率為6×9=54，即性愛周期是50天，性愛次數是4；換句話說，60歲長者在50天內可有4次性愛，平均12.5天1次。依此類推，70歲長者平均20天可有1次性行為，80歲長者可35天1次，至於90歲長者則可以80天1次。當然，這個「性愛頻率公式」只供參考，最終仍要按照個人的身體狀況和精力狀態而定，不能勉強或一概而論。

老年持續有性行為，除了能提高生活的幸福感，對健康也有諸多好處。年長男性規律射精，能避免攝護腺結石；年長女性透過性生活刺激陰道，可加強骨盆腔肌肉；此外，性愛還能幫助抵抗抑鬱情緒、增強免疫系統及有助緩解疼痛。對成年人來說，無論年齡，都應該享受性愛帶來的滿足感與幸福感。

當社會愈來愈能夠開放地看待性、談論性時，我們也應該讓這種開放不再局限於特定的性別或是特定年齡層的人，任何成年人都有權利擁有、享受和定義他們想要的性愛。

（延伸閱讀：《持續做愛不會老——婦產科名醫解碼男女更年期的荷爾蒙危機及解救之道》，潘俊亨著）

# 第二篇

## 關於性愛，
## 那些讓你
## 驚掉下巴的事！

# 第四章

# 不管你喜不喜歡，
# 開放式關係時代
# 已經到來！

# 你適合開放式關係嗎？

開放式關係（open relationship）是一種不排他的人際親密關係，處在這種關係中的雙方或多方，願意保持戀愛、伴侶或婚姻關係，但又不受主流一夫一妻制的限制，接受或容許雙方、多方或僅其中一方與第三者發生性關係或浪漫關係。

開放式關係在 1970 年的美國開始被提出，目前主要是西方國家的一些人認同並且開始履行和嘗試這種關係。經美國近年統計，約有5%的人正在或者曾經嘗試過開放式關係，並且有40%的男性和25%的女性認為，如果沒有社會和文化帶來的壓力，他們願意嘗試一下開放式關係。

開放式關係的實際情況多種多樣，其界限完全取決於參與者的協議，各方關係也可能呈現動態變化，而和人們對開放式關係態度放鬆相對應的是，人們對婚姻態度的轉變。以日本為例，1993年，認為「結婚是必然的事」的人占45%，認為「不結婚也可以」的人占51%，到了2013年，認為「結婚是必然的事」的人比例降到33%，而認為「不結婚也可以」的人則增加到63%。我們必須承認，這種一對一的契約婚姻關係可能會在未來受到更多挑戰，會有愈來愈多的人重新思考婚姻的價值和意義，新的伴侶關係類型也會相應而生。

其實從有人類，開放式關係就一直存在，遠的不說，只要檢視近代歷史中各種人際關係模式，就能幫助理解今日開放式關係的演進脈絡。

1972年時，妮娜・歐尼爾與喬治・歐尼爾（Nina and George

O'Neill）兩人合作出版了《開放婚姻：伴侶的新生活風格》（Open Marriage：A New Life Style for Couples），在此之前，「非單一伴侶」被探討的主要都是關於「伴侶交換」，歐尼爾夫妻搭上了當時流行的「自助」（Self-help）趨勢，而提出了「開放式關係」這種新婚姻概念，他們認為伴侶應該丟開僵固的角色定義，以誠實開放的心態去溝通兩人理想的夥伴關係，進而能同步追求成長。

　　而關於「伴侶交換」，現今對其起源有諸多說法，由於未有文獻記載，多數緣由已不可考，但可觀察的是，在上世紀30～40年代，美國好萊塢各種和他人伴侶發生性關係的派對就出現了；另外在1950年代末，當時的新聞報導了一個新現象：換妻；1960年代，成立於柏克萊的自由激進組織「性愛自由聯盟」（Sexual Freedom League），當時就經常舉辦性愛派對；到了1960年代中晚期，伴侶交換團體在美國各地相繼出現，伴侶交換派對也不再需要偷偷摸摸地進行，而是堂而皇之地成為異性戀夫妻的情趣遊戲，參加這些活動的通常是有錢的白人，而伴侶交換者本身也紛紛加入這波次文化浪潮的形塑，以他們的自身經驗，寫了好幾本供新手入門的自助手冊，包括《一起性》（Together Sex）、《文明伴侶之婚外冒險指南》（The Civilized Couple's Guide to Extramarital Adventure）。

　　1969年，羅伯‧麥金利和潔莉‧麥金利（Robert and Geri McGinley）創辦了讓伴侶交換者每周聚會的社交社團，這個社團後來成為全美最大的伴侶交換組織，之後更名為「生活風格組織」（Lifestyles Organization），該組織在1973年召開了第一屆「生活風格大會」；1970年代末期，羅伯‧麥金利又成立了「北美伴侶交換俱樂部協會」（North American Swing Club Association，NASCA），這是一個針對伴侶交換俱樂部所建立的貿易組織，及至今日，幾百

項和伴侶交換有關的產業都受NASCA管轄，它已成為一個具有國際影響力的組織。

　　美國聖地亞哥州立大學心理學教授特恩（Jean M. Twenge）指出，「每一代人的性態度和性行為都會發生意義深遠的改變」，因此，不同世代的人們對性的看法很大程度上和他們所處的時代和地點有關。人們的性道德觀並不是永恆不變的，它發生過變化，也在繼續改變，且改變的速度甚至遠遠超出我們的想像。

# 為什麼非單一配偶制（CNM）興起？

加拿大西安大略大學（Western University）社會心理學助理教授珊曼莎・喬爾（Samantha Joel）說，「處在『CNM（Consensual Non-Monogamy）』關係中的人表示能和伴侶有更開放的溝通，如果你不談邊界，就很難有『CNM』。在單一配偶的伴侶關係中，這種關於邊界的討論通常不會進行。」

在傳統婚姻制度中，夫妻兩人對婚姻的滿意度——安全感、責任感和親近感，往往會隨著時間而提升；與此同時，與性慾相關的浪漫和興奮感則會下降。

約克大學心理學家朗達・巴爾扎里尼（Rhonda Balzarini）說，「新鮮感是很難維持的，所以熱情也會跟著時間一起消失。」她舉了一個例子，你可能在法律上和第一伴侶結婚，生活在一起，有了孩子，然後就有了一夫一妻制生活模式的相關責任。伴隨這一切而來的是更多的可預見性，而這些事本身是不性感的，但是第二伴侶或許永遠不需要與你分擔這些責任，於是，你與第一伴侶的興奮感逐漸退卻，而第二伴侶往往能夠提供更頻繁的性愛和更少的生活齟齬。

夏威夷太平洋大學（Hawaii Pacific University）研究員凱瑟琳・奧梅爾（Katherine Aumer）和合著者在一本描述有關一夫一妻和「CNM」伴侶中愛屋及烏心理的報告中提到，對男人來說，伴侶出軌所帶來的妒忌感要比情感上的不忠來得強烈，但女性卻更有可能

因為伴侶情感上的不忠而感到失落。

享受「CNM」生活方式的人們，心理特徵所顯示的是他們的情感需求不是單一的個人能夠滿足。「多伴侶關係的人們可能有更大的需求，」巴爾扎里尼說，「我們發現，一夫一妻制的人們在愛慕和性慾的需要上是平衡的，但多伴侶的人在這兩方面的需求很極端。他們或許需要同時滿足這兩者，卻發現這很難在一個伴侶身上得到滿足，因為一個善於經營關係的第一伴侶通常可能不夠性感。」

## SEX & LOVE

## 人類關係比你想的更複雜

我們普遍存在一個預設的觀念是：戀愛關係只能容得下兩個人，但是根據歷史，人類的關係從來就比如今在很多社會裡成為常態的一夫一妻制更複雜。然而，儘管一夫一妻制至今在人類社會仍佔有統治地位，不能否認，人們始終著迷於與配偶以外的人發生性關係。

兩廂情願下的非單一配偶制（CNM），允許婚姻中的雙方都有自由去和其他人發展包括多元戀愛、亂交、及各種形式的開放式關係。而無論哪種形式，「CNM」的一個標誌性特徵是，戀人會就邊界進行討論並達成共識，比如在哪些時間點停止、伴侶人數增減、何時終止關係等，這個定義意味著開放關係並不是毫無界限，如果要持續下去，必須如同球賽一樣制定比賽規則。

# 良好的開放式關係
# 必須是「兩願」

　　開放式關係指伴侶雙方願意接受「非單一親密關係」，也就是可以接受和一個人交往後也和其他人發生親密關係，簡單來說，就是伴侶兩人可以享受如情侶般的甜蜜關係，包括牽手、約會、到親密行為，但也同意對方可以與他人發展以上關係。它有個專有名詞叫「知情同意」（Informed consent），也就是在兩人關係一開始就坦承告知伴侶，自己同時有其他的伴侶；而且當自己的「伴侶數目」增加或減少時也會尊重彼此，在彼此都同意的情況下才開始實行。

　　開放式關係與只單純上床的「純親密關係」，也就是俗稱的「炮友」有所不同，最簡單的分辨方法是炮友通常只在兩人想要發生性行為時才相約見面。

　　要維持良好的開放式關係必須是「兩願」，如果有一方是「勉

強」接受，那就不能稱作是開放式關係，這種情況可能會讓不全然投入開放式關係的一方感覺委曲、被背叛，還非常不健康。

## 開放式關係中的伴侶妒忌感更低

一項調查顯示，處於開放式關係的人有較高的關係滿意度與幸福感，「比起一夫一妻制，開放式關係中的伴侶妒忌感更低」，這聽起來似乎很不可思議？但很重要的原因是實行開放式關係的人本身就不介意對方向外發展，也因此比較不會感到妒忌。

哪些人會選擇進入開放式關係呢？通常是以下這些人：

**1.開放的人生觀，不想被感情束縛**：網路世代，虛擬的現象充斥，加上社會變遷不斷加速，飄移成為現代年輕人的選擇，感情也是如此。

**2.不愛又捨不得放手**：中年世代，婚姻走到最後只剩下柴米油鹽，可是多年夫妻關係，褪去激情也還有親情，尤其離婚需要面對複雜的手續，還牽涉子女扶養、贍養費、旁人的異樣眼光等問題，索性把對方當空氣，繼續留在難受的婚姻裡。

**3.追求性愛刺激**：有些人對性愛有比較多的需求，相較於投入長期而穩定的關係，短暫而多元的性關係對他們來說更刺激有趣，如果婚姻的兩方都有同樣的興趣，這種性愛刺激就會更完美。

**4.為了某種利益而將沒有情感的婚姻繼續維持**：可能是金錢利益，可能是權位誘惑，反正男人的心已經不在自己身上，但只要保有正宮地位，再多的小三也不怕，於是和男人達成某種默契，放飛他的身體，只要人前人後不給她難堪就行；另外，有些政治人物為了維持良好形象，但管不住自己的下半身，另一半能理解的，便與

之達成共識，「偷吃可以，但記得把嘴擦乾淨」，這種類型的女性多數都不是弱者，她的退讓通常是為了維護自己的既得利益。有好事者猜測，桃色風波不斷的美國前總統柯林頓與他的國務卿老婆希拉蕊，正是以這種方式維持住貌合神離的婚姻。

## 維繫開放式關係需要大量的溝通與長時間的磨合

某些開放式關係的進行過程會有不安、嫉妒和焦慮，但另有一些開放式關係則相對穩定、互相尊重，要想有和諧的開放式關係，必須有以下幾個前提：

**1.雙方有共識**：雙方同意保持戀愛或伴侶關係，同時也接受或者容許第三者介入。

**2.不在乎他人的眼光及評論**：擁有獨立人格，知道自己的行事與

### SEK & LOVE

# 女性通常不想知道男伴有沒有其他性伴侶

大部分有兩位以上性伴侶的女性表示，她們不會向男性伴侶說出她們另外有男朋友，寧願對方以為自己是他唯一交往的女人，這樣男人會更加珍惜她，她們也不會想要知道伴侶有沒有其他女人，因為這些事對於兩人做愛的情趣不但沒有幫助，反而有所減損，即使男人有妻子或正和別人同居中，女人也不想要男人主動向她說另一個女人的事，女人說，「別人的事與我何干？我不想去分享也不願去分擔男人和其他女人的事。」

界線，當朋友向你提出相關問題時能夠坦然以對。

**3.誠實，不隱瞞交友狀態**：把你們的地雷與限制列成一張清單，討論做哪些事可以接受，哪些不可以。這些規則與界線可能是變動的，但雙方必須開誠布公。

## 開放式關係與劈腿、外遇的差別

開放式關係是在雙方「知情且同意」的狀態下進行多重伴侶行為，履行開放式關係的兩人在關係開始前必須坦承告知對方、做出共同決定，甚至有些伴侶會用合約、書面形式來保證對彼此的承諾。

來自美國的凱西與男友艾瑞克交往了三年，一直都是開放式關係。艾瑞克處在一段開放式婚姻中，而凱西除了艾瑞克之外也有其他的約會對象，凱西說：「開放式關係不單只代表你可以跟不同的人上床，對我來說，它是一種學習不同愛情模式的自由體驗。」專門研究兩性關係演進的美國心理學家道格拉斯·拉比爾（Douglas LaBier）指出：「開放式關係/婚姻的原意是為了保持健康的親密關係，但前提是雙方需要大量的溝通與長時間的磨合。」

藝人鄭家純（雞排妹）曾有誤當小三的慘痛歷史。事件起因為某女性指控她介入別人的戀情，隨後引起網友熱議，最後證實指控她的女性並未與劈腿雞排妹的男人訂婚，使得鬧劇很快就宣告落幕，個性直率的雞排妹在事件落幕後對外界表示：「同時與多個對

象約會是個人選擇，不要有欺騙就好。」而從這個事件我們也不妨思考，如果三人保持開放式關係，打破傳統一對一交往的觀念是否行得通？是否會比原來的結局更好？

不論你是否認同開放式關係，無可否認，在不涉及婚姻法律問題的前提下，開放式關係給了很多情侶一個喘息機會、一個保留空間，還有，不多方嘗試，怎麼會知道「下一個更好」！女人不怕碰到渣男，怕的是自己不夠清醒，離不開渣男，如果女人有成熟的感情觀，不會為了一個爛男人一輩走不出情傷，那麼，不妨將開放式關係看作是女人歷練感情成熟度的學習過程。

## SEK & LOVE

## 人的感情變化太快，讓FB會員感情狀態選項眼花撩亂！

因應愈來愈多的「開放式關係」人口，幾年前臉書（FB）會員感情狀態選項新增「開放式關係」，加上相關議題的電視劇和電影相繼推出而造成討論，推升全球開放式關係人口數蓬勃發展。但世界變化真的太快，僅有單身、穩定交往中、已婚、離婚、開放式交往關係、一言難盡等已經不符合新時代所需，為了因應用戶不斷變化的感情狀態，臉書又增加公民結合（civil union）、同居關係（domestic partnership）等選項，在2014年時有71個選項，2018年時更增加到驚人的112個選項。唉，人的感情變化太快了，真讓人眼花撩亂！

# 看看他們的開放式婚姻

美國金賽研究中心（Kinsey Institute）的生物人類學家費雪（Helen Fisher）指出，開放式婚姻自古就存在，其中的關鍵在於我們的大腦。

費雪表示，大腦裡負責浪漫愛情的區域與掌管飢渴反應的區域緊緊相鄰。「就像人對飢渴的反應不容易改變一樣，浪漫愛情產生時我們的大腦會本能地認定對方發出求偶訊號；至於專注一人以繁衍後代的行為模式，是人類演化的結果。

## 國際巨星威爾史密斯的開放式婚姻

美國好萊塢知名演員威爾史密斯（Will Smith）與妻子潔妲（Jada Pinkett-Smith）是開放式婚姻的實踐者。潔妲在2020年承認自己曾離開丈夫一段時間，並短暫愛上了相差21歲、兒子傑登的好友。這段「母子戀」引起軒然大波，然而威爾史密斯卻在第一時間回應：「我已經原諒她了。」並引用電影〈絕地戰警〉的經典台詞：「We ride together. We die together. Bad marriage for life.（我們一起瘋狂，一起赴死，不管好壞，我們一輩子都要在一起。）」

威爾史密斯表示，婚姻是兩個截然不同的人選擇在旅程中結伴同行，但快樂始終是自己的責任，「所以我們決定各自尋找自己內在的喜悅，然後回到我們的戀愛關係上，呈現出『已經快樂』的一面，而不是走到彼此面前，乞求對方滿足自己的需求，為自己填滿

內心的快樂，這是不公平、不切實際的，甚至會破壞愛情。」

威爾史密斯強調，不要把個人快樂的責任推到別人身上。所以一直以來他都讓太太做自己喜歡的事，成全她的快樂，這讓兩個人的關係更親密。威爾史密斯曾在電影宣傳活動上表示他不反對太太跟其他男人在一起，潔姐也同樣回應：「威爾可以做任何他想做的事。」潔姐解釋，她不會管丈夫，只因為他們的關係充滿信任和愛。擁有愛情並不等於擁有對方，他們讓對方隨心所欲，因為他們對自己的愛充滿信心，管束伴侶的行為並不是讓關係無瑕的最佳方法。

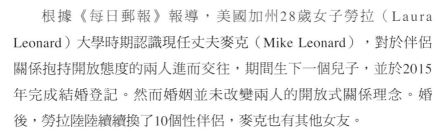
## 美國平民夫妻推廣開放式婚姻

根據《每日郵報》報導，美國加州28歲女子勞拉（Laura Leonard）大學時期認識現任丈夫麥克（Mike Leonard），對於伴侶關係抱持開放態度的兩人進而交往，期間生下一個兒子，並於2015年完成結婚登記。然而婚姻並未改變兩人的開放式關係理念。婚後，勞拉陸陸續續換了10個性伴侶，麥克也有其他女友。

勞拉坦言，幾年前就知道自己無法只和一個人約會，「婚後，我曾和10個人發生性關係，每個月至少要約會2～4次。如果沒有對

象，就上網找。」勞拉說，除了丈夫，她現在還有1名男友及1名女友，「麥克也會和其他女性約會，但他現在沒有對象。」

　　勞拉說，儘管彼此都有外遇的自由，但兩人對婚姻一直保持忠誠，「開放式關係讓我們的婚姻變得更加堅固和穩定，因為我們無話不談！」麥克也很滿意目前的狀況，「雖然有時候會吃醋，但勞拉總是願意分配時間陪家人。」

## SEX & LOVE

# 沙特與西蒙波娃的開放式愛情

　　說到理想的愛情典範，很多人會想到法國文豪沙特（1905～1980）與知名女性主義思想家西蒙波娃（1908～1986），他們維持開放式關係，一輩子不婚、不要小孩，既是戀人又是摯友，且容許彼此對外發展感情關係。

　　沙特始終不相信婚姻，他很早就決定要與波娃維持這種關係。波娃21歲就愛上沙特，因為他的聰明讓她心服口服。可惜沙特戀情不斷，年輕的波娃對此十分痛苦，但沙特頻頻對她洗腦，愛情是自由的，身體也是，說她也可以擁有自己的情人，但不得隱瞞，重要的是他們最愛的還是彼此。他說，把愛情裡的忠貞除去才能保鮮，但他也不否認，最難克服的是嫉妒，這是戀情的致命殺手。

　　隨著時間的推移與不斷發生的事件，西蒙波娃慢慢接受了這樣的關係，也發展另一段深刻的戀情。一邊擁有美國作家情人，一邊與沙特相伴相依到老，兩人在生活與寫作上相互扶持，連死後都要葬在一起，形影不離。

# 男人/女人如何增強性慾？

當擁有多重性伴侶後，不管男人或女人，性慾自然而然會升高變強，但是女人會感覺自己的性慾還不夠強烈，男人也會感覺性能力必須要再加強！

## 女人如何增強性慾？

決定女人性慾強弱的關鍵在於女性體內的睪固酮（男性荷爾蒙），雖然雄性激素常被認為僅是男性擁有的性激素，但其實女性體內亦會產生雄性激素，只是數量較低，它負責女人性慾與性喚起。

性冷感的女人給予補充雄性激素，常常能有效提升其性慾。筆者發現，臨床上給女性每天塗抹少量的男性荷爾蒙凝膠在皮膚，或者施打女性荷爾蒙加少量男性荷爾蒙的長效注射劑，女人的陰蒂會變得特別敏感，稍微碰觸就會勃起，而且會不由自主的產生性幻想，明顯增加手淫的頻率！陰道分泌物也會因為情慾衝動而充沛流出。

女性荷爾蒙在性生活的作用主要是發生在生理上，它能增加陰道壁的厚度和彈性，改善陰道分泌潤滑液的功能，但是對性心理和性慾方面沒有作用。人們通常認為女性荷爾蒙會讓女人的性慾增強，這是錯誤的，女性荷爾蒙確實會讓女人身體的肌膚更細嫩有彈性，可是體內的男性荷爾蒙才是主宰女性性慾的因素。

但是男性荷爾蒙並不能當作春藥用在女人身上，它不會讓女人立即發情，就好像男性服用威而鋼一樣，如果沒有令他產生性慾望的對象，男人吃下威而鋼並不會立即勃起。

## 男人怎麼做能擁有讓女人驚羨的性能力？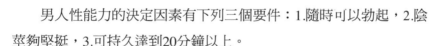

男人性能力的決定因素有下列三個要件：1.隨時可以勃起，2.陰莖夠堅挺，3.可持久達到20分鐘以上。

男人年紀上了50，多數人會開始感覺力不從心，但這些問題多數是可以藉由藥物來改善的。想要增強勃起的能力可以吃威而鋼，讓勃起堅挺取決於血液中睪固酮濃度的高低，50歲過後的男人血液中的雄激素普遍逐漸下降，比如同樣服用威而鋼，30歲男人的陰莖因為男性荷爾蒙旺盛堅硬如鋼，50歲的人荷爾蒙濃度降低，陰莖堅硬的程度和30歲相比就差很多，到了60歲就應該同步補充睪固酮，才不會在做愛中途變軟。

男人補充睪固酮的方法有以下幾種：

1. 注射長效睪固酮針劑，一次可以維持3～4週。

2. 每天口服男性荷爾蒙。

3. 使用睪固酮荷爾蒙凝膠，每天塗抹在肚皮或大腿內側，經由皮膚吸收進入體內。

至於如何讓勃起持久？目前只有一種藥物「必利勁」，它能作用於大腦的射精反射過程，可以抑制射精衝動，堅硬持久至少40分鐘以上。

（延伸閱讀：《別說不行，試試睪固酮！——婦產科名醫解碼中年過後男人的性危機》，潘俊亨著）

# 開放式關係要注意的事

如果你對開放式關係有興趣，但不確定自己是否適合，以下提供幾點分析，幫助你確認自己是否能適應開放式關係：

1.與伴侶確認你們兩人都可以接受非一對一的感情關係。

2.與伴侶確認你們對於接受開放式關係的底線，並且雙方對於伴侶遵守底線的誠信都有信心。

3.你與伴侶的情慾傾向與需求最好相當，否則嫉妒可能會成為破壞你們伴侶關係的導火線。

4.不要因為你與伴侶陷入感情疲乏，或是你想要嘗試另一段感情關係，而將開放式關係成為你移情的藉口。

5.不要因為擔心你與伴侶未來可能出現感情裂痕，想要找備胎，而與伴侶討論開放式關係的可能性，這樣無助消除你與伴侶相處的危機。

## 雙方必須對期望有充分了解並達成共識

根據調查，63%的男性和40%的女性都曾在一對一的伴侶關係中出過軌，支持開放式關係的人們認為，與其通過欺騙和隱瞞來互相傷害，或者強制壓抑自己的慾望，不如誠實和開放的討論能夠通過什麼方式來達到親密關係的長久和諧。

開放式關係並非是毫無原則的跟隨本能行動，它必須建立在知情且自願的基礎上，雙方必須對期望的關係有充分的了解，並達成

　　共識，且雙方都必須覺得這種關係能夠真正地滿足自己及對方的需要。那些為了留在愛人身邊，委屈地接受對方腳踏兩條船的現象並不是真正意義的開放式關係。如果你不想總是被鄰居、親友、同事指指點點，也必須認清法律並不保障一段穩定的三人、或是四人關係，所以，在進入開放式關係前你應該先想想以下的問題：

　　1.你的開放式關係會對日常生活造成多大影響？

　　2.你的親朋好友可能會在你「出櫃（Coming out of the closet，與LGBT人士表達自己的性向用法相同）」後有什麼反應？

　　3.如果你因此被家人、鄰居、親友、同事排斥，你會有什麼感覺？

　　4.出櫃後對你的工作會有負面影響嗎？

　　5.如果你有未成年子女，必須先想好監護權的問題，法律不會保障一位擁有四位伴侶的母親。

　　6.你居住或工作的地方，普遍的社會氛圍能接受開放式關係嗎？

　　7.如果出櫃不順利，你有可作為支援的朋友或團體嗎？

　　以上這些問題如果你想清楚了，確定要進入開放式關係，再來是過來人提出的意見，可作為實踐時的參考：

　　1.考慮自身情況是否穩定，開放式關係可能帶來強烈的情緒起伏和

波動，人格不穩定或者處於焦慮低沉心境中的人不建議嘗試這種關係。

2.開放式關係無可避免的會面對嫉妒和吃醋的情況，要做好準備。

3.必須和關係中參與的每個人開誠佈公溝通，溝通，再溝通。

4.注意商談細節和深度，開放式關係要求一定的靈活性，所以對於一些特殊的行為必須具體討論，例如哪些行為可以接受，底線是什麼，哪些不能接受。

5.同事和朋友可能不是開放式關係的好選擇。

6.關係要公平對等，你能做的事，你的伴侶應該也可以。

7.沒必要讓所有人都知道，但你可以告訴一些朋友。一來你需要一些社會支持，再者，你也不想總是收到「你老公今天和一個漂亮女生手牽手」的訊息，對吧？

8.耐心，任何關係的和諧都是一個漫長的過程，不要把開放式關係當作你們惡劣關係的救命稻草。

9.你有義務對可能進入你開放式關係的人進行提醒和說明。如果你不能誠實告知你喜歡的人你處於開放式關係，那麼建議你不要開始嘗試開放式關係。

如果你做到了以上的原則，就放開心享受，不要有顧忌。

## 那些正在經歷開放式關係的人是什麼感覺？

以下是開放式關係實踐者的真心告白：

「在開放式關係中，我們唯一要遵守的規定是絕對的誠實，還有在性關係前做性病（sexually transmitted infections, STI）檢查。如果我以後再有一個男朋友的話，他也要遵守這個規定。」

「有人覺得開放式關係簡直就是淫亂和雜交的代名詞，還有人覺

得如果你和人分享一個伴侶，那就說明你只能得到一個不完整的伴侶，其實不是的，這對我來說就好像我們有不只一個朋友的感覺一樣，我們對彼此忠誠和誠信。」

「我現在處於開放式關係是因為我能從中感受到做我自己的一種自由感，這對於離婚過的我特別重要，我感覺自己又能夠享受和探索生活了。」

## SEX & LOVE

# 開放式關係、多重伴侶、炮友、換偶，有什麼不同？

●開放式關係（Open Relationship）：強調關係雙方需毫無保留地向對方開放自己的訊息和想法。從性的角度看，他們不認同一夫一妻制和戀愛關係中的排他性，也不要求伴侶性方面的絕對忠貞。兩人都可以在保持彼此關係的前提下和其他人發生性關係。

●多重伴侶關係、多角戀、多元戀愛（Polyamory）：指一段固定、長期的情感關係中有超過兩個人，開放式關係仍然是兩個人之間穩定的親密關係，只是各自都可以向外發展其他關係，但其他人並不在這兩人的共同關係中。

●炮友（Friends with Benefits）：指可以互相幫助解決生理問題的朋友。

●換偶（Swing）：指和其他人互換伴侶。

# 開放式關係的敵人
## ——嫉妒

　　嫉妒是破壞人際關係的元兇，也是開放式關係的最大障礙。

　　在伴侶關係中，焦慮及依附型的人易有嫉妒心理。他們善於推崇他人的價值，而貶低自己，當可能威脅到他自尊的人出現時，往往會讓他感到氣餒與憤怒，而反映出「我是不是不夠好」的自卑與焦慮。例如女孩的男友加了一些不知名正妹的FB、追蹤爆乳妹的IG，或是撞見男友正在看A片，都會讓女孩不知所措，她們通常在一陣暴怒後，接著自責，「是不是我不夠漂亮，你才會一直看別的女生」。

情感關係中不能避免地存在著「性嫉妒」，且男女之間存在著極大的差異：不論基於猜疑或真實發生，男人對「性不忠」有較強烈的嫉妒，而女人往往對「情感不忠」更感到嫉妒。其實，嫉妒是比較出來的，很多時候我們喜歡拿自己跟他人比，但愈是看著別人愈是比不完，氣餒與憤怒的情緒也會愈累積愈多。

　　嫉妒的原因是自卑，不是真的想贏，只是怕輸。當女人與男人上床後，男人知道女人又和別的男人上床，心理會不愉快，甚至生氣，這樣的情緒便是嫉妒，因為這個男人對自己缺乏信心，沒有安全感，害怕自己做愛的表現不如另外那個男人，因為有了選擇的機會，女人也許會拋棄自己而愛上另外那個男人。嫉妒屬於一種負面情緒，不好好處理就會破壞兩人的關係。

　　嫉妒的情緒是自然的心理反應，即使雙方已經說好能擁有開放的性，也很難完全避免嫉妒的情緒出現，想要仗著理性把醋意壓抑下來是不可能做到的，但是可以藉著溝通和體諒，將嫉妒逐漸消除與淡化，甚至可能轉為溫馨的祝福。

## 要如何克服吃醋的情緒？

　　當女方另外有男朋友，男方開始時自然會產生嫉妒情緒，這時妳應該請對方坦白說出他內心的感覺，妳只需安靜的聆聽，並告訴伴侶，妳在乎的只有他一個男人，外面的男人不過是過客，他們在妳心中沒有任何地位，安撫過後，伴侶對妳下一次的約會就會較淡然處之；相對的，當男人和別的女人上床，他的女人也會吃醋，這時男人可以耐心聆聽她的訴說，並鼓勵她和其他男人約會，女人心裡的醋意自然也會漸漸轉淡。

　　嫉妒無可避免會發生，但還是可以在安撫下度過。當雙方都嘗到性開放的甜美滋味，嫉妒就會消失無形，當你們超越了嫉妒的高牆，生命便會開啟另一扇窗，踏入另外一個階段，甚至能互相分享各自約會做愛的美好經驗哩！

## SEX & LOVE

## 與伴侶情慾共榮

　　共榮（Prosperity）一詞是由美國克里斯塔公社（Kerista Commune）成員所創的新詞彙，用來形容多重性伴侶與複數忠誠關係的生活哲學之一，他們將共榮定義為：與嫉妒相反的概念，即面對伴侶擁有其他親密關係時你感受到的正面情緒。

　　當你看到伴侶與其他人發生性關係時感到性慾高漲，那便稱為情慾共榮。許多非單一伴侶者都愛三人行、集體性愛、公開場合性愛，或者半公開場合性愛，無論是否直接參與，他們都會因為觀賞伴侶與他人做愛而感到興奮。

　　嫉妒是一種害怕失去的情緒，共榮則是一種無懼的表現，或者至少是願意擁抱恐懼，而非任由恐懼驅策你的慾望。要能有共榮的境界，你必須放棄自己對伴侶的掌握，給對方全然的自由，也支持他以自己想要的方式成長、改變。只要你能擁抱共榮，放下佔有慾，就愈能處理嫉妒情緒，並對伴侶的開放關係抱持正面態度。

　　（取材自《愛的開放式》，崔斯坦・桃兒米娜著，基本書坊）

# 該不該告知對方你另外有性伴侶？

在美國的開放性愛團體，通常鼓勵成員誠實告知對方你有多重性伴侶，但是性愛教師也坦承，多數人在實踐這項要求時心理上會有一些障礙。但西方人平日坦承慣了，問題會比東方人少。我詢問過許多身邊的人，幾乎都表示不願意讓對方知道自己有多重性伴侶這個事實，雖然會主動向對方表達自己是性開放主義者，但還是認為不主動告訴對方自己另外有性伴侶比較好。女人多認為這樣比較不麻煩，而且認為這樣男人會比較重視她。

## 在理性的架構下遊戲才能持久進行下去

如果你要的是多元的性生活而不是一夜情，男人和女人之間就要有協議，包括彼此的感情界限、性愛的時間/頻率、健康的保障，及分手的時機。

協議就是定下規則，任何一種遊戲都要有規則，打球有打球的規則，跑步有跑步的規則，下棋有下棋的規則，開放式關係也要雙方先訂下規則，有了約定，雙方在範圍內可以放心玩遊戲，在理性的架構支撐下遊戲才能夠持久進行下去。

訂下規矩也許會時常出現讓你不能隨心所欲的情況，但是為了長遠的利益，還是得節制一點，不能任性，否則一旦因為克制不住情慾，或是圖一時之便，頻頻破壞規矩，關係勢必會產生裂痕，到最後必然造成不得不分手的局面。

## SEX&LOVE

# 多重性伴侶反而能與伴侶維持良好的朋友關係

　　大部分動物都是非單一性伴侶，在超過4千種的動物中只有極少數是單一性伴侶。人類單一伴侶的道德觀來自基督教，宗教保守主義認為多數性伴侶是不道德的，甚至主張教徒在未婚前不能有性行為。

　　根據研究，開放式關係實踐者的性格特質通常較富有創造力、奉行個人主義、願意遵守常規、在學術上展現成就、擁有自我的價值觀及道德系統、願意為探索新事物而冒險。有人認為擁有多個性伴侶會把自己的愛和關心分散掉，每個性伴侶只能分到幾分之幾的愛和關懷。其實不然，多重性伴侶不管是男人或女人，對另一方付出的愛和單一性伴侶並沒有兩樣，當然，在數個對象中會有比較喜歡或比較不喜歡的分別，喜好的程度和是否為單一性伴侶並不相關。因為不涉入對方的生活，只享受性的愉悅，有多重性伴侶的人絕少與伴侶因為意見分歧而爭吵，反而能與對方維持良好的朋友關係。

# 台灣社會開放式關係實錄

## ■台鐵車廂成了性愛趴包廂！

民眾投訴，有人包下台鐵「客廳車」車廂辦性愛派對，車程將近2小時，列車長卻完全不知情！

台鐵「客廳車」內設備就像住家客廳，加掛在列車後，讓民眾包車觀光，過去有人包車娶新娘，沒想到這回卻成了「移動性趴」包廂。活動邀集25名男女，男的穿西裝、女的穿套裝，一行人以秘密會議為名，實際上卻是在車廂內開性愛趴，參加者每人酌收800元，除了女主角之外，其他包括糾察員和女服務生都要繳錢，參戰的18名男子多是白領階級，還有大學生、碩博士等，唯一的女主角「小雨」只有17歲，是一名高中輟學生。

列車從台北站出發，行經樹林站時列車長開始進車廂巡查，就在火車過了鶯歌站後，這群旅客以開會為由，要求車勤員離開，並且鎖門、拉下窗簾，就在列車到新竹站時，列車長剛好巡查到這節車廂，發現門上鎖，但列車長不覺有異，索性作罷，直到下一站竹南站，旅客下車後才進了車廂，全程將近2個小時，沒人發現車廂內正開著性愛派對。

消息曝光後民眾直呼太誇張，表示：「沒想到這種事會發生在台灣，一般都認為日本才會發生這種事。」事發後主辦者因涉嫌妨害風化被判刑半年、得易科罰金18萬元確定，其餘人等雖依妨害風化、違反兒童及少年性交易防制條例送辦，但檢方認為罪證不足，全以不起訴處分。

## ■台南摩鐵3女8男極樂大雜交！

台南警方在永康區某汽車旅館查獲一起多P性愛雜交趴，入內發現3女8男衣衫不整，正在上演「不斷電性愛」。

永康分局表示，偵查隊近日網路巡邏時發現36歲黃姓網友揪團開性愛趴，立即報請檢方聲請搜索票，並在23日循情資到摩鐵附近埋伏。待時機成熟，員警破門進入，果真查獲14名男女共處一室，其中11名男女全身赤裸、忘情性愛，黃嫌及其女友、工作人員等3人在場觀戰監控。

據了解，在場參戰的3名女子分別為21、26歲女大生及38歲熟女，2名女大生供稱她們是第一次下海嘗試多P性愛，怎料出師不利。

根據警方調查，黃嫌在社交平台上打著「氣質少婦」、「長腿OL」、「神似某知名女優」等旗號攬客，男生每人每場需繳交5000

～6800元不等費用，參加的女生每人每場可分得6000元，扣除開房間成本7000元、保險套、潤滑液及飲料、食物等開銷，黃嫌每場性愛趴約可賺2萬元。

黃嫌供稱，他每個月約辦5、6場色情趴，每次參加人數、地點有所不同，黃嫌及其女友訊後被依妨害風化等罪嫌送辦，其餘性交的8男3女則依社維法裁罰。

## ■KTV的雜交派對

周刊報導網路社團「烏特邦」在北市中華路錢櫃總統包廂舉辦淫亂派對，轄區中正一警分局根據資料通知訂包廂的林姓主辦人到案，釐清是否有脫衣、性交易等情事。

據了解，烏特邦成員在50人包廂內擠入80名男女，在包廂內忘情舞動，甚至全裸跳舞，還有女性成員在包廂內幫男性口交，活動由匿名「韓大特」的林姓男子主辦，每人收入場費500元，在全省多處舉辦性愛派對，其中一場選在錢櫃中華新館總統包廂，透過社團成員過濾出入份子，認識的人才能進入。警方表示，未來將持續加強取締不法，並要求業者主動檢舉通報，如發現涉有不法須主動舉報。

## 「換妻」真相披露！換妻其實等同於換夫

台灣另有一種開放式關係的實踐，就是「換妻」。換妻顧名思義就是「交換老婆」，但交換老婆也就意味「換夫」。玩法可以是兩對夫妻互換，也可以數對夫妻輪流換。兩對夫妻互換沒什麼技巧，只要雙方互守承諾就可以，相對簡單；但如果是數對夫妻換，

這就牽涉到公平性，有很多細節必須先說清楚。

通常會組成「換妻俱樂部」（這是約定俗成的說法，但為什麼不說「換夫俱樂部」，這大概是因為活動多由男人發起，基於面子問題，所以說「換妻」）的人多是職業或專業背景相同，大家氣質、行為模式、思想比較相近，比較好溝通。而一個「換妻」族群人員不能太多，多了不好辦事，且人多嘴雜露了口風也不好，所以通常以5～6對夫妻為限。

人員有了，接下來要制定交換規則。就我所知，抽籤是公平的好方法，活動每1～3個月舉辦一次，第一次採抽籤，接下來依排定順序輪流，也就是「丈夫」每回會配到不同的「妻子」，直到群裡每個對象都輪過，那麼第一回合「換妻」就算完成。地點可以是各自帶去汽車旅館，或是集體出國時人員交換房間；第一輪結束後大家若還意猶未盡就再來第二輪，但通常「換妻」是想要新鮮感，想要第二輪接著玩的情況不多，一般是另起爐灶或邀新成員加入，規模愈玩愈大。

「換妻」遊戲多由男人起頭，妻子通常比較保守而退縮，先是驚疑，待真正進行後女人反而比男人投入，更熱切期待下次的相遇。為什麼會這樣？因為在大多數家庭中，夫妻往往長期因為家務爭執而把感情消磨殆盡，讓性事變得平淡無奇，女人的性慾望不像男人有許多抒發管道，心裡充滿苦悶，換夫對她們的身心無疑是久旱逢甘霖，加上打野食的男人必定使出渾身解數，全身心讓女人達到極致的性愉悅，女人很快就食髓知味，期待這種遊戲一直玩下去。

　　男人在經過換妻後，對於妻子和其他男人上床往往會採取比較寬容的態度，這個心結一旦打開，發現妻子仍然天天在身邊，一如過往照顧自己的生活，源自內心的不安全感便會消失，對妻子肉體的佔有慾會減輕，妻子也因為對丈夫給予的寬容充滿感激，必然對丈夫的感情更加深厚。

　　其實男人對於女人的佔有慾一則源於自私心態，一則源於不安全感，後者是害怕女人拋棄自己投入別人的懷抱，所以對於妻子的肉體給其他男人分享本能反應是強烈排斥，但在事發過後，男人會看見妻子的另外一面，驚覺妻子對性的強烈慾望而重新點燃對妻子的慾火，再次把情慾的目光投向妻子。

　　妻子的肉體在經過其他男人的淬煉、愛撫後，全身的性愛細胞頓時甦醒過來，使女人如春蛹化蝶神采飛揚，男人重新發現妻子的性感與嫵媚，夫妻的感情肯定比以前更加緊密。

　　換妻在道德意義上或許不足取，但它與外遇不同，外遇是在配偶不知情的情況下發生，換妻則是夫妻雙方均同意參與，所以成年人如果能把握分寸，不傷害他人的情感及身體（防性病感染），男歡女愛、你情我願，外人好像也不便置喙，不妨將之看成另類的開放式婚姻。

佛洛伊德也瘋狂
21世紀女人性愛大解密

**SEX & LOVE**

## 那些「換妻」時沒說的事！

　　在說好的換妻時程內，有些丈夫與別人的妻子看對了眼，可能展開私下幽會，還有一種情況是換妻後原本平淡的生活像是活了過來，才驚覺「生命的意義在喚起性愛的無限潛能」，從此走上不歸路，婚姻也就跟著玩完，且通常以妻子回不去的情況較多，所以玩換妻前要想清楚，風險可是男人要承擔！

# 關於群交的性愛自傳
# 《慾望‧巴黎》

　　《慾望‧巴黎》一書以寫實、赤裸大膽的性愛描寫，甫推出即造成轟動。作者凱薩琳‧米雷（Catherine Millet，1948～）是法國知名藝術評論雜誌《Art Press》總編輯，她是國際藝術界擲地有聲的意見領袖，曾擔任威尼斯雙年展總監，她的影響力不限於專長的藝術領域，她探討當代人性愛態度的作品也引起社會各界的熱烈迴響。

　　她有幾個熟悉的男朋友會在她的同意下替她安排男人和她辦性愛聚會，她通常是唯一的女人，她可以安心享受無止盡的性愛！而每一次參與和她性交的男人多數她並不認識，她也不想去知道他們的姓名。所有和她一起參與群交的人純粹是為了享受性愛樂趣，不會有金錢交易。

　　凱薩琳‧米雷有正常的婚姻及夫妻關係，她的丈夫欣然同意並支持她的所做所為，不僅鼓勵她寫作出版、參與群交，且樂意提供她一些意見及協助。或許你覺得凱薩琳的行徑荒誕可鄙，但不能否認，她淋漓盡致地實踐了許多女人想望而不可及，在潛意識深處裡存在的夢想。

　　她在書中赤裸裸描寫她同時和多位男人性交的過程和美好滋味，「只有在我褪下洋裝或是褲子時，我才會真正覺得放鬆。『裸體』是我真正的外衣，它才能提供我庇護。」

　　「我最喜歡的樂子之一來自於男人的陰莖滑入我的大陰唇後，

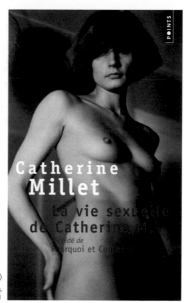

《慾望・巴黎》
作者凱薩琳・米雷

硬挺，漸漸將兩片陰唇撐開。在猛然衝刺前，讓我有時間好好地體驗被撐開的感覺。」

「在麗池廣場上的一家三溫暖內，我幾乎整晚都沒有辦法離開，一直待在一張大沙發或一張擺在房間中央的大床上。我的頭對著伴侶的私處，這麼一來我可以一邊吸吮他的老二，同時抓著扶手，搖晃著另兩根陰莖。我的腳被抬得很高，那些滿腔興奮的人一個接著一個進入我的私處。」

「躺著的話，當一個男子抬高臀部以騰出空間在我的陰部裡運作的同時，其他幾個男人能同時撫摸我。他們在我身上一小部分一小部分地扯弄著：一隻手在我的恥骨上畫圓圈，另一隻手輕輕掠過我的上半身，有的男人則喜歡逗弄我的乳頭……，除了陰莖進入以外，這些愛撫讓我感到很快樂，特別是那些在我臉上遊走的陰莖，或是在我胸部上摩擦的龜頭。我喜歡順手拿起一根陰莖放在嘴裡，用嘴唇在上面來回摩擦。當另一個人從另一邊過來，用陰莖在我緊繃的脖子上吵著時，我就會轉過頭接受那根新來的老二，或是嘴裡一根，手裡一根。」

「有些男人甚至喜歡把女人（我）的腿拉得很開，想要看得更清楚，並且插得更深入，當他們讓我休息時，我的下體感覺麻痺，在僵硬、沈重、略微疼痛的陰道內壁還留著所有曾逗留其中的性器的某種痕跡，令人感到愉悅。」

「我曾經和一位攝影師發生關係。這個男人會久久地親著我的陰部，他的舌頭柔軟卻充滿感情地蠕動著，小心翼翼地撥開陰唇上所有的皺褶。他知道要在陰核周圍纏繞徘徊，然後在開口那裡像小狗一樣大口大口地舔舐。當我需要他的陽具來癒合這慾望已經高漲不已的開口，他終於進來的時候是那麼的溫柔，那方式和用舌頭一樣的謹慎。」

「好幾雙手在我身上遊走，而我則抓住幾根陰莖，頭左右擺動輪流吸吮著，另有幾根則推進我的下腹裡。所以我一個晚上大概輪流跟二十幾個人性交。」「當我嘴巴裡裝滿鼓起來的陽具時，那是一種多麼心醉神迷的狀態，其中一個原因是因為我的快感和另外那個人是一模一樣的，它越硬挺，呻吟聲，喘息聲，鼓勵的話語就越明顯，似乎將我自己性器官深處的慾望更具體化。」

（引自《慾望・巴黎——凱薩琳的性愛自傳》，商周出版）

以上是凱薩琳對自己以口交享用男人陰莖的描述，並非虛構的小說情節。可貴的是，她忠實描述自己的親身經驗，這種坦白、大膽、豐富且多彩的性活動，加上她在社會的地位，是引發世人驚訝、高度興趣及討論的原因。

這本書被喻為「史上第一部毫無保留描繪女性性愛慾望的情色經典文學作品」，除了在法國激起熱烈探討與反思，也掀起全球對情色文學、開放式關係，乃至女性情慾自主的重新檢視與探討。

　　凱薩琳‧米雷從不避諱她著迷於性愛，尤其是群交，她也從不放過任何一個能讓她享受性愛的機會，最重要的是，在每一次性愛的過程中，她不僅是一個參與者，也是一個觀察者，更勇敢地把這些觀察及感受透過她專長的文字寫成書，傳達給大眾，鼓勵女性解放自己，享受性愛的樂趣。

　　她自認長得不美，胸部不大，但她說，與她交手過的男人，對與她的性愛經歷總是念念不忘，她的自信來自於，對於性愛這件事她總是毫無保留的敞開自己，從生理到心理，把做愛當成享受，更重要的是，這麼做的目的不是為滿足男人，而是讓男人滿足自己。

# 第五章

## 你，「約炮」嗎？

# 「約炮」是個啥？

所謂「約炮」，指非男女朋友關係或非夫妻關係的兩人相約見面並發生性關係，兩人互稱為「炮友」，或稱床友、性夥伴。

一般認為，「約炮」成為一種流行現象始於上世紀60～70年代，那時興起的性解放運動、婦女解放運動、發明保險套、流產合法化等，都為其起到了推波助瀾的效用。而近代，隨著網路數位時代到來，人們約炮變得更加便捷、更有隱密性，與陌生人產生「連結」的機會也大大增加。

現代的炮友多半來自網約，或初見面、看對眼的陌生人，也可能是朋友、前任男/女朋友或前配偶，這種關係日後有可能進化成情侶或配偶，所以說，「炮友」與「情侶或配偶」的雙向關係是流動的，足見現代人心胸之開闊，這輩子只要自由，其他什麼都不重要。

## 台灣人約炮行為大調查

根據一份交友網站針對1000名台灣人約炮行為的調查，結果顯示：約炮最低年齡為15歲、平均年齡為22.6歲，451個人有過約炮經驗，女生佔41.8%、男生佔58.3%。不得不說，台灣人對於性愛這件事，好像真的比想像中開放許多！

還有一份國人對於「約炮」接受度的調查，結果顯示，有42%的人覺得可接受，接受的理由包括：「想做愛，但不一定想談戀愛」、「談感情太浪費時間」、「找不到合適的對象，但找得到性

事合拍的床伴」、「先找到性事能合拍的,再考慮要不要交往」、「覺得他/她外表很讚,但就是個性不合」、「享受當下的刺激與新鮮感」。

另根據《日本新華僑報》報導,一項透過對100名有炮友的日本女性的網路問卷調查結果顯示,在選擇理想炮友時,「彼此身體配合得好」最重要;其次是「兩人在遇見當天一拍即合」;第三是「隨叫隨到」。在這100名女性當中,平均每兩週就和炮友見1次面的有32人,每週見1次的有19人,每月見1次的有22人。

從學生時代就有炮友的AV女優、同時也是作家與漫畫家的峰奈由果表示,女性有炮友有許多優點,她說,「如果長期沒有男友的話,女人很容易就變得習慣單身,不知道怎麼開始一段戀情;但如果能有一個經常進行親密接觸的炮友,就能讓女人保持戀愛體質,在遇到心儀的男性時懂得該如何抓住機會。」

日本戀愛科學研究所所長荒牧佳代分析,現在想在社會上爭得一席之地的女性,都會聰明地避開因陷入戀愛而無法專注工作的局面,更害怕最後戀愛、事業兩頭空。「但她們同樣有性慾,所以會考慮找炮友。她們希望能將自己打造成一個能夠自由掌控工作與性慾的現代女性。」這個現象,全球皆是如此!

## 約炮的雙方可以分為哪些類型?

**1.男人女人都單身**:兩者都單身,這在目前的社會氛圍是再自然不過了,雙方都不會有壓力,但彼此也因此缺少了專一度,有可能一女對多男,也可能一男對多女,且女人對男人的性能力也會格外挑剔,相較之下比較不滿意的就會被淘汰!

**2.男人單身，女人為有夫之婦：**我們先不對這種配對做道德評斷，這種情況對女人而言是最刺激不過了，而且只要初嘗出軌美好的滋味，很快就會陷入欲罷不能的境地。她選擇的男人一定要床上功夫了得，而且能夠充分地取悅她，就好像在餐廳吃飯，菜色一定遠遠勝過家裡的餐桌，這種情況也表示女人對老公不是很滿意，要不然就是老公心胸坦然，允許她在外面尋求快樂。

**3.女人單身，男人為有婦之夫：**這是普遍存在的現象，最近我國立法通過通姦除罪，這給在婚姻外的女人卸除了不少壓力，其實大老婆也不必過度擔心老公會讓小三取代自己，因為時下女人在情慾方面已經進化到著重性慾享受，小三們並不想改變自己的角色，她們已經聰明到不想結婚，只想要過無拘無束的生活。

**4.男人女人都有婚姻：**傳統上，這是最危險的遊戲，但在今日，如果兩方配偶都同意，那就是換妻，如果雙方互為炮友圈成員，也不失為理想狀態。

## 你屬於哪一種約炮類型？

因個別性慾強度及性格差異，約炮類型有快慢之分：

**1.急約炮**：態度清楚，你情我願，互相看對眼，連姓名都不需要知道，已婚、劈腿也不需要告知，直接上賓館，完事後一拍兩散，從此各奔天涯，日後即使意外再相見，你是你，我是我，仍是兩條不相干擾的平行線。唯這種約炮方式由於不清楚對方底細，為考量衛生，辦事時一定要全程使用保險套。

**2.細磨慢燉型**：耐心釣魚，不管是網路虛擬還是現場實境，將意圖一點一點透露，也慢慢測量對方想要的是否與自己合拍，不急著初相識就搞上床，每次試探都釋放一點曖昧，培養一點氣氛，等到時機成熟，再相約至賓館；完事後，若兩情繾綣意猶未盡，則將之收入炮友花名錄，來日可相約再戰。這種類型的炮友可維持若即若離的朋友關係，一來可隨時找到對方，但各自生活互不干涉；二來，若不小心染了性病，還可以善意的提醒對方趕緊去做篩檢。

## 素炮：不發生關係，只單純睡覺

「素炮」指兩個人相約同床共枕，但不發生性關係，與之相對的詞彙是「葷炮」，表示「有發生實際性關係的約炮」。

或許有人會好奇，大費周章約出來一起睡覺到底是什麼情況？有網友表示：比起約出來做愛，跟陌生人一起抱著睡覺、聊天，反而更有情侶間陪伴的感覺；比起「葷炮」的肉體交流，「素炮」在精神層面更能填補心中的空虛。對此，也有人認為這種互動太像情侶，很容易暈船而愛上對方，而且有時候感覺來了還是會不小心

就提槍上陣。所以，「素炮」的產生通常是因為暫時的內心空虛，渴望有人陪伴，這種關係最終仍可能折服於人的性慾望，而一路向「葷炮」挺進。

## 四川師範大學期末神考題：如何看待大學生約炮？

　　由於約炮已漸漸成為年輕世代的日常，根據大陸《南方都市報》報導，號稱「四川省精品課程」的「大學生性文明與性健康」在四川師範大學十分受到學生歡迎，期末試題驚現「如何看待大學生約炮」，引起廣泛討論，並被譽為「神考題」。對此，出題者、四川師範大學生命科學學院老師王煜表示，出題的初衷是希望學生樹立正確的性道德和性觀念，對約炮等雖然沒違法卻不道德的行為有理性的認識，旨在引導大學生從性道德、性文明等角度反思該行為。

　　王煜說，「大學生性文明與性健康」是四川師範大學的一堂全校選修課，該學期有500多人選修，分兩個班，「期末考試總分100分，那道題的分值是單題最大的，前面還有題目涉及性生理、性心理、性文化等專業知識。」他表示，「約炮」這類話題在日常的課程中也曾涉及，該課程的主要內容就是結合當下的社會熱點話題，讓學生科學地接觸、理性地討論性知識。

# 約炮不是年輕人的專利！

　　你以為約炮是年輕人的專利？當然不是，細緻地說，「約炮（hook up）」這個名詞確實是近年才被創造並被廣泛運用的新字，但約炮這種行為卻是千古以來，不分人種、不分年齡層、不分性別的共同嗜好。

　　由生物人類學家、金賽研究所資深研究人員、交友網站Match.com首席科學顧問海倫・費雪（Helen Fisher）所著的《解構愛情：性愛、婚姻與外遇的自然史》（Anatomy of Love：A Natural History of Mating, Marriage, and Why We Stray）一書中引用社會學家馬丁・蒙托（Martin Monto）等人所做的研究，他們比較了兩個年齡層的1800名男女每週進行的非承諾性行為，結果顯示，40多歲的男女比20多歲的男女有更多性行為，也有更多性伴侶。事實上，在「單身美國人」2013年的研究中，60多歲男女露水姻緣的次數和20多與30多歲的男女相差無幾；另外，有58%的男性和50%的女性表示他們曾有過炮友，其中70多歲的男女就占有1/3的比例，顯示約炮在老年族群中發生的機率正在全球範圍內大幅上升。

　　作者還在書中點明，「約炮再次成為常態──我推測這是因為現今單身男女想在結婚前詳細知道未來伴侶的一切，這就是緩慢的愛情。在這許多人有太多財產的年代裡，離婚可能具有毀滅性的後果，因此緩慢的愛情或許是一種適應行為，而且我們大多知道如何讓自己不要懷孕和染病，這種謹慎態度的最大證據就是目前盛行的約炮。在這種關於性的約定中，男女在彼此方便時性交，但他們不

會在公共場所成雙成對。」

　　關於約炮行為，與美國社會現象有所不同的是，美國人考慮的是婚姻可能對他們巨大的財產造成不利後果，而台灣的約炮族更多是不想給承諾，只想活在當下、樂在當下的不婚不育族。

## SEX & LOVE

### 炮友圈

　　一般認為炮友關係是兩個人的事，但經過演變，現今的炮友關係相當一部分存在著「圈化」的現象，也就是「圈內炮友共享」的意思，這種比例約占60％。「炮友圈」多以邀約的方式發展，例如A和B是炮友關係，而A或B中的一人可能經過對方的認同邀請C加入，進而以這種方式邀約更多人，而形成由多人組成的炮友圈，可以倆倆相約打炮，也可多人一起聚會開趴，以達到一種更高度性滿足與性探索的目的。

## 約炮的真實意涵是男人的身體借給妳用，同時妳也把身體借給他用

俗話說，「女人30如狼，40似虎」，意即女人40歲以後有難以滿足的性慾望，但現實中許多中年女人常感覺不好意思追求性慾的滿足與快感。在上一個世代，身處婚姻中的女人確實如此，但是近年由於未婚/失婚的單身女性多了起來，女人在沒有婚姻枷鎖的束縛之下，想法已經開始改變了。

最關鍵的改變是在性觀念方面。女人開始認識到做愛是為自己，而不是回應男人的需要，需要男人的目的是讓自己快樂，所以她會從男人做愛過程是否溫柔體貼、做愛技巧是否夠好，也就是從性能力來選擇男伴，男人的財勢地位已經淪為次要。

SEX & LOVE

### 和不同的人做愛會有不同感受

任何一個女人跟自己老公以外的男人做愛，感受和享受有所不同，任何一個男人和不同的女人做愛所得到的享受也不一樣。這是上帝創造男人與女人以來，所有人的共同經驗，也是任何人無法否認的事實。

# 炮友的心裡在想什麼？

　　炮友關係簡單的說就是簡化版的男女性關係，在速食年代，人們往往沒有太多耐心細火慢燉愛情，也缺少對婚姻的體諒與包容，於是炮友便順應時代而生，但你知道炮友的心裡在想什麼嗎？所謂「知己知彼，百戰不殆」，好好研習約炮兵法，才不會出師未捷身先死。

　　**1.高度的性滿足**：男女雙方都意在享受高度的性滿足，所以在做愛的過程會傾其全力愉悅對方，比如採用較為開放的姿勢，較為開放的性語言，女人會展現出較為大膽的性反應，男人也會願意耐心地做足前戲，想辦法讓自己勃起持久。有不少女性表示，她和先生結婚超過10年，但第一次性高潮是在外約炮時才享受到。

　　**2.對實質關係有清楚的認知**：雙方清楚相互的交往界線，且將這種關係做理性維持，杜絕炮友關係發生變化，避免把關係發展成別的類型，例如變成戀人或配偶，彼此各自維持有家室的狀態，讓雙方都有安全感。

　　**3.彼此不涉入對方的工作及生活**：不討論工作的話題，不會因為對某事意見分歧而破壞氣氛影響情感，兩人約會時就好像一起看一場電影，聚精會神，一心一意演出並享受愉悅，互相給對方留下美好的印象。

　　**4.炮友關係往往容易形成圈子**：一般認為炮友關係是兩人之間的單純性關係，但實際上很多人會把朋友拉進來，據調查，這個機率佔60%左右，例如在女方認可下男人把好友拉進來，或是在男方的同意下女方把閨密拉進來，形成多人成群的炮友圈。

　　**5.要注意「安全性（safe sex）」及衛生**：參與開放性關係的人通常不喜歡戴保險套，所以炮友間必須嚴格自律，尤其當形成兩人

以上的圈子時，不戴保險套恐會成為感染性病的安全漏洞。

## 愛情與性，誰先誰後？

在過去「父母之命，媒妁之言」的年代，沒有愛情的性是常態，那時的結婚對象是由父母挑選安排，雙方都不認識，在結婚儀式後送入洞房才開始有性關係。在當時，女性如果拒絕父母的安排，說要自由戀愛，要自行挑選對象，拒絕與父母安排未曾謀面的人步入婚姻，那就要鬧家庭革命了，這個女人會被評為叛逆，不知廉恥。

當時認為先發生性行為而後才開始戀愛是再自然不過的事，先談戀愛是前衛的、不對的、不道德的，還沒結婚就先談戀愛的女人是不守婦道。後來演變成先戀愛、有感情才能發生性行為，沒有感情就先有性關係的女人是放蕩的，但以前的父母卻是教女兒先嫁人再談戀愛，觀念完全相反過來！可見性行為和愛情在男女之間，何者先、何者後是沒有定律的，社會看待性行為的道德觀念會隨著時代改變。當年不道德的行為，現在反而變成主流。

現正方興未艾的約炮行為，正好又回歸過去的「媒妁之言、先性交再談感情」的模式，所以在性行為方面心態比較保守的人，不能單純用道德來評斷這個現象。

我們分析炮友間的關係發現，炮友不是一般的朋友，因為彼此肉體的距離比朋友更近，但他們也不是一般的情人，因為彼此除了做愛不涉及其他，兩者的關係是以性交為主，說明白一點就是為做愛而交往，由於不會有剪不斷理還亂的感情牽扯，所以不妨將此視為現代單身或處在婚姻中的女人想要掙脫苦悶，尋求婚姻以外情慾滿足的替代方式。

# 男人/女人如何選炮友？

選炮友基本上和選男女朋友的心態差不多，但是對於外貌會比較寬鬆，因為與炮友在一起不必考慮未來，所以對炮友的職業、背景、學歷、收入等，都可以放在一邊不予考慮。

先看男人怎麼選炮友。他們比較不在乎年齡，容貌看得過去即可，由於現在女人一戴起假睫毛眼睛就變很大，而且她不會素顏和你約會，所以只要化起妝來容貌都不會太差，但男人對女人的身材還是比較重視的，女人身材窈窕性感有魅力，就是男人夢寐以求的典型，一般而言熟女是比較討人喜歡的，又因為熟女對於做愛的享樂已經食髓知味，所以在床上舉手投足動靜皆宜，不管是快樂的低聲呢喃，還是高潮的驚聲尖叫，甚至亢奮時全身不由自主的抖動，樣樣都是魅力的來源，如果不是長期從經驗累積而來，是不可能做到這些的，所以男人選炮友時較不會重視女人的年齡，反而太年輕的會令男人覺得生疏木訥，所以在這種心態的作用下，可以長期維持的約炮配對，常常是男小女大的情形。

再看女人眼中適合做炮友的男人如何？帥哥當然令人驚艷，但帥哥可遇不可求，女人不會奢望；其次是談吐要溫和，讓人可以接受，不可粗鄙傭俗，如果見面聽聲音就令人作嘔，這樣的對象女人怎麼可能愉快地讓他碰觸，甚至進入自己的身體呢？此外，女人選炮友有一個關鍵性的要求，就是性能力必須足夠強悍！所以男人給女人的第一印象不可以一付老態龍鍾，至少是壯年的男人才符合基本要求，因為找炮友不是要談感情、不是要交朋友，要的就是床上

做愛的歡愉，基於這樣的選擇標準，她也不排斥比她年輕的男人，相差5～10歲都是可以接受的。

男人只要性能力夠強，勃起時間夠久，陰莖夠堅挺，女人稍作引導就可以充分發揮，那就是女人眼中的炮友極品；如果男人體力不行，支撐不夠久，就無從發揮長處，很快就會被女人從炮友名單中被剔除。

**SEX & LOVE**

## 炮友會一再相約，表示對彼此的性愛能力很肯定！

固定約炮的男人和女人也會自然而然發展出感情，就像舊式婚姻，先送進洞房再談戀愛，兩人本來說好拒絕發展感情，卻往往事與願違，走一段路後就變調。因為若是一方在一開始時就不滿意另一方的表現，彼此就不會再有下一次；會一再相約，表示彼此對肉體的感受是肯定的，雙方性交時都可以給對方高度的歡愉，當然會產生更進一步的感情連結，但正是因為如此，兩人更要保持高度的理性，忠於當初的協議，因為一旦超越了紅線，出了界，這段緣份就可能走向終點！

# 想找炮友，
# 該怎麼保護自己？

　　如果你覺得戀愛、結婚太麻煩，只想找個炮友，該怎麼保護自己呢？

　　**1.慎選對象**：炮友可能來自交友網站，或是在夜店、酒吧突然看對眼，根本沒有太多時間了解對方，尤其有些人喜歡在網路上把自己吹得天花亂墜，一見面才發現根本不是那麼回事，所以見面時若感覺不對，趕快找個理由腳底抹油，開溜。

　　**2.不要留下任何性愛影音記錄**：即使是一時興起留下影音記錄，最好親眼見證刪除，絕對不要留下任何有關性愛的照片或影音。千萬記得，炮友多半不會顧慮對方是否受傷害，所以這一點要特別保

持警戒，也要注意你們親密行為的地點有沒有可能被設計偷拍，避免成為被勒索的工具！

**3.別將關係延伸到生活裡**：專業級的炮友會貼心地進行暖身和後戲，讓妳不自覺產生偽戀愛的幸福感，這容易讓剛入門的女生暈船。所以，如果妳只是想找個炮友，即使兩人是關係穩定的炮友，也不必向對方分享太多生活細節，才不會讓自己陷入感情的糾結裡。

總之，出來玩要懂得保護自己，不要魚沒吃到反而惹了一身腥！

## 鼓勵約炮，但不鼓勵一夜情！

這裡對一夜情的定義是：女人和男人初次見面即上床做愛。雖然時下已經有人這麼在實踐，甚至已蔚為流行，但我並不鼓勵一夜情。原因之一是，和陌生人見面即做愛的品質不會太好，女人的心理及生理通常在做愛前必須醞釀一點情緒，見面馬上做愛當然有一定程度的快感，但起碼還是先聊聊天，喝杯咖啡，請男人簡單介紹一下自己再相偕進入賓館，這樣做愛品質會好一點。

如果妳對炮友缺乏了解，在健康方面會有很大的風險，比如對方是不是有愛滋、其他性病，或是對方有人格異常，你都無從得知，兩人冒然進入私密空間也相當危險，女人在赤身裸體時必將毫無防衛之力。

所以，從網路上約炮每約一次都是冒一次險，但是仍然有人願意這樣做，因為打一炮就分手，連姓氏都不必問，也許兩人一輩子不會再遇到，徹底的沒有任何瓜葛，輕鬆無負擔，甚至每次都可以換新的對象，讓自己也鍛練出可以在短時間內即產生情慾並享受做愛過程的高度快感，甚至每回都達到高潮也是有可能的。

我比較建議約炮還是從生活周遭遇到的去約比較好，妳至少可大致了解這個人的身心狀態，工作/生活狀況是否正常，但這恰好也是一夜情喜好者的顧忌，因為他若能找得到你，事後恐怕會糾纏不清，如果是這種情況，在上床之前就必須和對方清楚約定，除了打炮之外兩人不是朋友，要做到互不關心、不再聯絡、在Line上不留文字、不談感情、不對任何人透露做過的事、不強求約會的時間，把這樣的預備動作做好，並且強調彼此的關係「不是情人，也不是朋友」，而是「最親密的陌生人」，但這總得費一番工夫去溝通，有人覺得太麻煩了，所幸在網路上約炮比較乾脆，而這也是網路一夜情盛行的原因之一。

　　有了第一次約炮經驗，如果覺得還不錯，往往會繼續約下去，有一位我認識的女性告訴我，她在過去一年內共約炮100多次，和100個以上的男人上床過，她說起這些事時眉飛色舞，掩不住內心的快樂，問她為什麼這麼做？她說做愛的快感沒有辦法克制，會很快上癮，停止不住的，她還說她會繼續下去！

# 她們的約炮經驗談

相信很多人都聽聞生活周遭友人的約炮故事，或是網路上也有人分享自己的約炮心情，以下三位不同年齡層的女性，姑隱其真名，她們把親身的約炮經歷與我也與讀者分享。

**小Q**　年齡：19　｜　職業：大學生

上高中時就聽過很多同學有約炮的經驗，男同學、女同學都有，較要好的同學也會交換一些情報、經驗，聽多了，也覺得約炮沒什麼，很正常，但也聽說一些人有不好的約炮經驗，但這就好像交男朋友，有人會碰到爛人一樣，多一點經驗，反而比較不會被騙。

上大學後，我到餐廳打工，有一次，7、8點了，一個男客人獨自來餐廳用餐，長得滿帥的，因為客人不多，我和他多聊了幾句，對他印象不錯，我們加了Line，晚上下班回家後，收到他問候的留言，並表明「期待再相見」。

假日時我們約了時間在西門町碰面，吃了午餐、看了一場電影，都他請客，我們對彼此都滿有感覺，後來他約我去旅館休息，我沒有拒絕，成了我的約炮初體驗。後來因為他要上班，我要上課還要打工，沒有很多時間碰面，偶而我們還會相約吃飯、打炮，我不知道他有沒有其他女朋友，有也沒關係，我們就是純炮友，這樣感覺比較自由，沒負擔。

**蓓蓓** | 年齡：28 | 職業：外商公司白領

　　大學畢業後我到澳洲留學打工，在農場工作，同時期還有來自不同國家的夥伴，放假時偶而大家會相約一起出去玩，有時私下約，我和幾個男生上過床，我們都知道彼此是過客，沒有要互許終生，所以沒有壓力，打工契約到期後，各自從哪裡來回哪裡去。

　　上班後，我喜歡在假期到國外自助遊，行前會先上網約好在旅遊當地的網友碰面，我們彼此都知道目的，因為是網友，對彼此都不是很陌生，碰面時有點熟又不太熟的感覺，很容易點燃激情，幾天的假期，短暫的戀情，他的曾經，我的未來，彼此都不用過問，之後還可以是無話不談的網友。在我還沒有想要定下來之前，這應該都會是我的生活模式。

**Amy** | 年齡：47 | 職業：護士

　　我跟前夫離婚已經10年了，女兒跟我，因為婚姻帶給我宛如惡夢的經歷，我發誓不再結婚。剛離婚時因為要整理心情，還要安排女兒生活及就學的事，我沒有心思多想，那幾年就這樣過了。

　　等到生活上軌道後，下班回到家，有時覺得自己一個人很寂寞，也想要有人陪，有一次好奇上交友網站，我誠實告知我的情況，不想再婚、交朋友可以，沒想到很多人也這麼想，在網路上，我們什麼都能聊，有時還滿刺激的，終於有一次我鼓起勇氣接受網

友約炮的邀請，那一次的做愛感覺還不錯，由於我仍有一點心理負擔，事後沒有再跟這位網友聯絡。

有了這次經驗後，我的膽子好像大了不少，也比較會選對象，大概一兩個月就約一個網友，這漸漸成為我解決性需求及釋放生活壓力的方式，我覺得這樣也不錯，不用介入彼此的生活，我知道我約的人有些有老婆，但我沒有要搶她們的老公，只是各取所需，大老婆不須太介意。

## 約炮前最好言明界限

約炮要能好好玩下去，有些規則必須要遵守，以下是歸納多位有經驗的炮友的建議。

1.初次見面，兩人就有必要把相互聯絡的方式說清楚，其他的規約如除去約炮時間互相不見面、不約吃飯、不能有金錢往來、不互贈禮物、不一起看電影、不外出郊遊、不談感情。

2.只給Line，不給電話號碼，互相不以電話聯絡。

3.除去約定的時間地點，不在Line上留下任何文字。

4.互相不在手機留下照片或影片，不拍兩人的性愛照片或影片。

5.炮友關係不對任何第三者提起，平時若有機會相遇，也只當作點頭之交。

6.如果重視健康，可以要求每三個月雙方自行做健康檢查，包括性病檢查，並把報告呈現給對方檢視。

如果炮友雙方接觸後對彼此合意，最好就做以上約定，才能保障約炮的安全性。

# 小心約炮對象
# 變成恐怖情人

　　2018年3月間，一件令人膽寒的社會新聞震撼全台：20歲的香港男大生在台北殺害了21歲的女友，並棄屍在室外草地上。兩人原本相約至台北過情人節，還留下了親密合影，沒想到原本是甜蜜的旅行，最後卻成為青春人生的最後一程。

　　恐怖情人可能會要了你的命，過程中的凌虐更是令人不寒而慄。高人氣的立委高嘉瑜在2021年遭爆被男友林秉樞施暴，滿身是傷，社會震驚，使恐怖情人的議題再次引起大眾關注。

所謂恐怖情人，往往是很沒有安全感的人。他們害怕自己不被重視，害怕自己被伴侶拋棄，所以他們用盡一切方法希望把伴侶牢牢綁在身旁。一旦他們感覺遭受威脅，就會用盡力氣試圖讓對方妥協，藉此來獲得安全感。

不管是單一或者多重性伴侶，都可能遇到恐怖情人，要小心辨識並及早防範。在心理學上，多數的恐怖情人擁有「邊緣型人格」特質，他們時常陷入極大的矛盾，像是今天覺得你很好、很愛你，隔天這種愛又變成恨。他們既自大，同時又自卑，對自己及愛情缺乏信心，所以常懷疑另一半出軌。而他們的不信任心態讓他們更想掌控一切，當想要的東西未能獲得滿足，就會立即失控、抓狂。他們通常無法意識到是自己的行為迫使對方做出分手的決定，永遠把責任推到別人身上。

現代交友軟體、網站多不勝數，也成為年輕人互動交友的熱門場域，但透過這種方式結識朋友，在深交前宜先做一般朋友，多觀察了解對方的個性，對網路認識、碰面機會不多的人更要特別謹慎，這樣才能避免造成傷害。

要怎麼避免遇上恐怖情人？專家列出「恐怖情人」六大特徵：

**1.緊迫盯人**：不論任何行蹤都要報備，經常不合情理地限制你與其他朋友聚會，沒有個人自由空間，一定要掌握你的所有行動。

**2.斥責別人**：認為你的想法都是幼稚可笑，習慣反駁糾正、指責你的言論，認為他才是對的。

**3.態度輕蔑**：看不起你的家庭、出身、學經歷、工作、同學、朋友，認為妳與身邊的人全都一無是處，甚至認為和他在一起是妳的福氣，應該珍惜。

**4.過分干預**：凡事要求妳以他的意見為主。

**5.漠視感受**：例如生日時妳想要浪漫一下，對方便說浪漫太花錢不好，情人節想要約他一起看電影，就以太忙為理由推託。

**6.言語暴力**：交談時習慣夾雜髒話或羞辱字眼，習慣施加言語暴力迫使對方屈服，特別是兩人意見不同時。

## 如何防止遇上恐怖炮友？

1.初次見面，不給真實姓名，勿告知職業及工作地點。

2.可以加Line，不給電話，但女人可以留男人的電話，得知男人的職業及工作地點，甚至更多對方的資訊。

3.觀察男人的衛生習慣、談吐、個性。

4.約會地點限於城市中的摩鐵。

5.避免乘坐男人的車子去郊遊。

6.結束約會，出來摩鐵即下車自行離去，不要跟對方回工作地點或居住地。

7.至少約會半年以後，可以把握對方的人格狀況才可以將他升格為普通朋友。

### 如果身陷危險關係要趕緊求助

與恐怖情人分手要有技巧，不要直接與對方硬碰硬，以免火上加油，要花點時間慢慢疏遠，避免激怒對方；若因為過度受驚影響日常生活，可藉由心理治療平復情緒，改善自責及內疚感覺。

佛洛伊德也瘋狂

21世紀女人性愛大解密

　　若發現伴侶有恐怖情人的傾向，除了向警察機關求助，更要記得做好以下自我保護措施：

　　**1.不接觸**：勿與對方單獨接觸，如有必要會面，要選擇明亮人多的地方，並找親人、朋友陪同前往，避免讓自己處於危險情境。

　　**2.不聯繫**：斷絕與對方金錢來往，不接受對方示好的物品，勿以同情心理持續與對方聯繫，避免讓對方存有機會要求再見面。

　　**3.不激怒**：談話時避免挑釁、辱罵的言語激怒對方，觀察對方的行為舉止，如發現對方情緒激動或有異常神情時立刻求助，並伺機離開現場。

　　**4.親友保護**：告訴自己及對方親友你們目前的感情窘境，請求幫忙勸說開導或協助留意，以免對方發生傷人或自殘行為。

　　總之，交往前多觀察就能避免掉許多不必要的爭執與時間虛耗，也才能保障自己的感情獨立與人身安全。

# 約炮要注意的性病風險

約炮前通常對對方的性生活不會有太多深入的了解，所以要做好自我安全防護，全程使用保險套，並注意以下的性病風險，才能保障自身的健康。

## 1.愛滋病AIDS（HIV）

全名為「後天免疫缺乏症候群（Acquired Immunodeficiency Syndrome，AIDS）」，由愛滋病毒所引起的疾病，它會破壞人體先

天免疫系統，當免疫系統遭到破壞，原本不會
造成人體生病的病菌變得有機會感染人類，
嚴重時會導致死亡。

愛滋病病毒存在於感染者各種體液內，
包括精液、血液、陰道分泌及前列腺分泌，感
染者可通過這些體液的接觸把病毒傳染給他人。以
下事項可防患感染愛滋病：

　　1.性行為時全程使用保險套。

　　2.只要有過不安全性行為，建議進行愛滋篩檢。

　　3.進行愛滋病毒暴露前預防性投藥（Pre-exposure prophylaxis，
以下簡稱PrEP），每天吃1顆可維持血中藥物濃度，有效降低感染愛
滋病的風險。但須注意，PrEP只針對未感染者；其次，使用PrEP仍
有極低微的感染風險，因此，性行為時仍需全程使用保險套。

## 2.梅毒（VDRL）

病原體為梅毒螺旋體，是一種全身性、慢
性的性傳染病，最早的症狀通常是不痛的生殖
器潰瘍，接下來可能逐步擴散到全身皮膚，
甚至是心臟和神經系統，通常是經由性交傳
染，潛伏期約三星期。第一至第二期的梅毒最
具傳染力，初期症狀是先在局部皮膚或黏膜發生潰
瘍，第二期則好發全身性紅疹，第三期會造成循環系統與中樞神經
系統發生病變。由於病程漫長，且因個體免疫力與自體反應機制不
同，整體臨床表現有非典型症狀，某些個案在感染後甚至可以潛伏
多年，終身都無明顯發病，但卻具有傳染性。

## 3.生殖器疱疹（疱疹二型）（HSV-II IgG）

　　最常發生在外生殖器，又稱陰部疱疹，主要
是經性接觸傳播，通過皮膚、口腔、陰道、
直腸、尿道、包皮黏膜進入人體，潛伏期5～
6天，患者會出現私密處疱疹症狀，包括患處
癢、小便刺痛、疼痛和長出水泡，水泡破裂會流
出含有病毒的透明液體，形成潰瘍。除了患處症狀，患者也會出現
發燒、疲倦、肌肉疼痛、淋巴結腫脹等症狀，疱疹二型病毒會入侵
並植根在神經系統內，至今仍未有根治藥物，只能透過藥物舒緩病
情及預防復發。

## 4.淋病（Gonorrhea）

　　由淋病雙球菌感染引起，人體的粘膜組織，
包含尿道、陰道、肛門，甚至是口腔、咽喉等
都可能被感染，性活躍、性伴侶不固定、有
多重性伴侶者染病風險較高。

　　男性患者常見症狀如：尿道有白色或黃色
黏稠分泌物、排尿感到刺痛或灼熱、肛門搔癢或伴
隨流出分泌物，嚴重時可能擴大導致精囊炎、副睪丸炎與前列腺
炎；女性常見症狀如：陰道分泌物增加、陰道分泌物顏色改變、陰
道炎、尿道炎、子宮頸炎，若進展成膀胱炎就可能出現頻尿、灼
熱的感受，感染若從陰道與子宮頸上行到子宮、輸卵管、骨盆腔，
可能導致子宮內膜炎、輸卵管炎或骨盆腔感染，最嚴重可能導致不
孕、子宮外孕或慢性骨盆腔發炎。

## 5.尖端濕疣（菜花）（Condylloma Accuminata）

由人類乳突病毒（HPV）感染所引起，為
台灣最常見的性病，傳播速度極快，當一方
染上時很容易散播給其他的性接觸者，往往
造成很多的麻煩跟不悅。患者感染初期皮膚
會有扁平小突起，肉眼不易察覺，此時容易被輕
忽，這些小疣後續會進展成一叢叢肉芽，如花菜一般，因此得名。
主要傳染途徑為性行為，潛伏期平均為2～3個月，有時甚至可達半
年，感染後如未經妥善治療，特殊種類的人類乳突病毒長期存在人
體會增加罹患子宮頸癌、陰莖癌的風險。

尖端濕疣90%是由HPV 6及11型導致，HPV四合一與九合一疫苗
可讓未感染者預防感染濕疣，保護力可達九成。

## 6.披衣菌（Chlamydia-IgA）

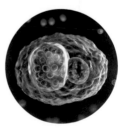

傳染方式主要是各類性行為，好發於性行為
頻繁的年輕族群，潛伏期約7～14天，主要是引
起泌尿道感染，並有可能連帶影響到生殖系統
而造成不孕，女性也會增加子宮外孕的風險，有
時感染還會波及胎兒，造成新生兒的感染性疾病。

男性主要症狀有尿道增加黃綠色分泌物、睪丸腫脹、排尿疼痛、
陰莖開口處出現刺痛感等；女性則是分泌物（白帶）增多、陰道分泌
物有異味、排尿疼痛、下腹疼痛、性交時疼痛、噁心、嘔吐、發燒、
不規則陰道出血等。披衣菌感染使用抗生素即可治癒，療程約1～2
週，治癒後不會終生免疫，有可能出現反復感染的情形。

# 不能不知道的
# 11種避孕方法

　　除了感染性病，女性炮友如果不想要「借精生子」，還要注意避免懷孕，以下提供幾種簡易可行的避孕方法：

　　**1.事前避孕藥**：效果極佳，懷孕率極低，只有約0.3％！且除了避孕，還可以調經，能有效讓經期規律。但如果想藉服用避孕藥來調經，建議還是需經過醫師評估後再使用。

　　**2.保險套**：是最常見、最簡單的方法，24小時都容易取得，更可有效降低感染性病的風險。但使用保險套如果方法不正確，還是有可能懷孕，且要全程使用，開封時要小心指甲劃破保險套，即使是小裂痕，也有可能導致懷孕；另外，即使正確使用保險套，想要避孕，男人在射精後必須立即抽出陰莖，否則也有可能因為精液遺留在女性陰道而造成懷孕

　　**3.事後避孕藥**：在做愛後72小時內服用，愈慢吃，效果愈差！此藥有明顯且強烈的副作用，大部分女性服用後會感覺腹痛、噁心、疲倦、亂經等，使用事後避孕藥容易傷身，要盡可能避免！

　　**4.體外射精**：性交時在男性射精前將陰莖移出，在體外進行射精。此法雖沒有避孕副作用，卻須考量當事人的意志力，且在高潮歡愉下要達到100％移出後射精還是有失誤風險，因為當男性興奮時，除了射精，前列腺同時也會分泌「射精前液」，裡面含微量精蟲，因此即便沒有插入，只是在陰道口、陰蒂附近射精，都有可能造成懷孕。

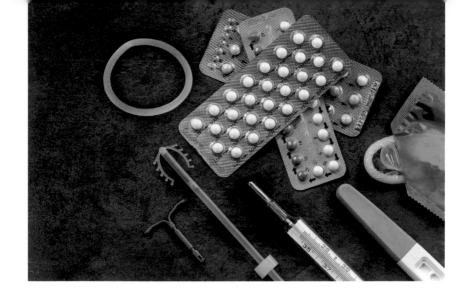

**5.男性永久性結紮**：利用結紮手術將輸精管切斷，使射出的精液不含有精子，避孕成功率接近100%（約99.7%）。但需注意，術後必須在10～15次射精後，確保輸精管內完全沒有精子才可真正達到避孕。

**6.女性永久性結紮**：以外科手術將輸卵管結紮並剪斷，使卵子無法與精子結合，達到永久避孕的目的。此法術後一勞永逸，避孕率百分之百，且不會影響女性之生理，也不會因為有懷孕的顧慮而影響性生活。

**7.避孕環**：透明的環狀矽膠，如同戒指的形狀，耐水性高，有隔熱效果，上面塗有雌激素及第三代黃體激素，不需經由手術，只需自行放入陰道中。避孕環會在陰道壁粘膜定期釋放荷爾蒙，並透過血液循環傳輸，達到避孕效果。效期一般為3週，在經期時取出，為一次性使用。

**8.子宮內投藥系統（蜜蕊娜，簡稱 IUS，含黃體素避孕器）**：是一種專利高科技、體積小、無須天天服用或每週/每月更換的新型避孕選擇。富有彈性的T狀結構中含有幫助避孕及抑制子宮內膜增生的成分。裝置後5年內每日平均微量釋放14$\mu$g黃體素，比避孕環的效期更長。

**9.子宮內避孕器（含銅避孕器）**：與上述子宮內投藥系統相似，以銅離子來改變子宮內環境，俗稱「銅T」，利用塑膠上裝有高品質銅線環繞在避孕器上，可有效抑制精子和卵子傳送，並可抑制精子的受精能力。

**10.皮下埋植避孕器**：通常會在上手臂的皮下肌肉裡植入，常見的像是「Norplant皮下植入棒」，是內含黃體素的一種小棒子，一次可在皮下植入6根，每天固定釋出一定量的黃體素，有效避孕期間可達5年。

**11.計算安全期**

經期安全期推算法：

生理週期若是從「月經期」為第1週來計算，會有以下四個循環階段：月經期→卵泡期→排卵期→黃體期。從本次月經來的第1天開

月經週期

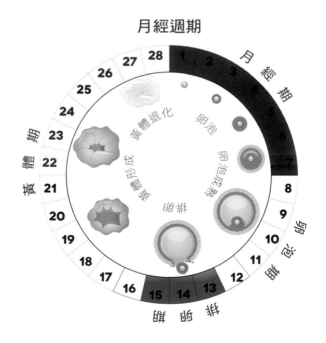

始算，到下次月經的第1天為1個週期，即是你的月經週期（天數）。排卵的時間大約是在月經前12～16天，也就是月經後的4～5天會進入危險期，排卵期前後做愛會增加懷孕風險。經期不規律的人不建議使用此法避孕。

**安全期基礎體溫算法：**

女性在排卵前體溫偏低，排卵後卵巢會分泌黃體激素，使體溫稍微升高，每日量體溫及可進行「安全期」的計算。

測量時必須使用有特殊刻度的基礎體溫計，1天兩次，睡醒與睡前進行測量，測量前避免說話、活動，量5分鐘後將所測得之體溫記錄於基礎體溫表上。如果有感冒、消化不良等生理因素會影響體溫，有這些現象必須在記錄表上加以註記。

# 第六章

# 自慰讓女性
# 更健康

# 自慰是女性滿足情慾
# 的好方法

　　儘管性解放已高喊多年，還是有很多女性認為性高潮得靠另一半，但較多西方女性覺得高潮是自己的責任。儘管國內還有很多女性很難接受自慰的想法，國外已經鼓勵女性多自慰，甚至鼓勵女性買按摩棒來練習。

　　自慰（或稱「手淫」）會給女性帶來性交時的舒適感，及性愛後充滿自信的感覺，不管對單身或是有伴侶的女性都是如此，自慰讓她們更了解自己的身體及情慾狀態；此外，自慰對難以達到性高潮的女性也是個不錯的練習，如果女性知道怎樣可以讓自己更舒服，她們在性交時便能有更好的主控權，進而能改善生理及心理兩方面的性感受。

　　專業的性治療師指出，自慰有助於達成更和諧的兩性關係，在性治療過程中，可鼓勵男女在伴侶面前自慰，甚至協助另一半自慰，因為自慰能讓自己懂得如何討好自己，也知道另一半如何經由自慰獲得性愉悅。

　　儘管女性自慰的人數與男性相較還有一大段差距，但根據一項近期的調查發現，台灣兩性自慰次數的差距正逐漸縮小，從2020年的78%已降至2021年的68%（男性102次，女性33次），這意味著愈來愈多女性認為自慰這件事她們也應該有自主權。

　　如果妳對自慰還沒有太多經驗，不妨找個適當的時間及空間，

對自己的身體嘗試各種類型的觸摸，可以用不同速度及動作，專注撫觸外陰或身體的不同部位，它能幫助妳更了解自己的身體，也能幫助妳了解怎麼做才能更容易達到高潮。

自慰對更年期過後的女性健康也很有好處。女性的身體在經歷更年期後會產生很多變化，因為這時候身體內的雌激素濃度會急速降低，可能會減少陰部的血液供應，導致陰道乾燥；如果性交時有太多摩擦，女性會因為不舒服而排斥性交。如果有這種情況，可以使用水性潤滑液自慰，這樣可以促進血液流動增加性慾，進而改善性交時的舒適度與滿意度；此外，自慰還可防止更年期後陰道變窄，變窄的陰道會在性交時感覺疼痛與不適。

有些人因為某些原因會以口水來代替潤滑液，但根據研究發現，在自慰時使用唾液作為潤滑液容易發生酵母菌感染。儘管唾液是天然的人體潤滑液，但是它可能導致陰道細菌失衡並引發感染，所以為了健康，在按摩陰道時還是建議選擇陰道專用的潤滑液。

# 不管幾歲，為了身心健康，自慰就對了！

　　社會通常比較注意男性會自慰，而忽略許多女性也有自慰的習慣，根據調查，80％的女性有自慰的經驗，女性自慰不會產生生理或心理上的問題，反而可以紓壓、自娛，尤其是單身/未婚者，在枕畔無人的情況下，自慰可適度滿足對性的需求。

　　單身女性自慰除了能滿足情慾需求，還有利健康。醫學研究證實，女性自慰時體內的血液循環會增加，進而釋放腦內啡，使身體感覺愉快，能減少壓力及緩解不適，有許多女性將自慰視為一種天然的止痛藥，她們會透過自慰來改善經前症候群的某些症狀，例如焦躁和頭痛；此外，自慰還有助改善長期的性緊張，特別是單身或是尚未準備好進入性生活的人，單人性行為、自慰是個很好的替代方法。

　　醫學觀點指出，經常有性生活或自慰的女性，甚至無需練習幫助骨盆底肌肉收縮的凱格爾運動，因為自慰後高潮產生的不自主力量，比練習凱格爾運動的強度更高，可以預防老年漏尿。所以，不管什麼原因，不管妳幾歲，如果妳現在沒有性伴侶或另一半無法正常進行性生活，為了身心健康，自慰就對了！

# 善用情趣用品
# 可以獲得更多樂趣

　　美國羅伯特莫里斯大學（Robert Morris University）的一項調查顯示，有將近一半的成年女性表示，她們曾使用情趣用品自慰。使用情趣用品助興不需要感到羞恥，對難以達到性高潮或沒有性伴侶的女性，透過假陽具和振動器等用品，有助達到較高的性滿足。

　　女性自慰的推薦工具首推是自己的雙手，但在用手自慰前記得要先做好清潔；如果妳使用按摩棒或振動器之類的情趣用品，應特別注意安全及衛生。除了這些，你也可以用家中的生活用品替代，但不管選擇哪樣物作為自慰的輔助器材，必須考慮能否清洗及是否會對身體造成傷害，兩者兼具才能成為好的性愛玩具。

## 情趣用品本來就是為取悅女性而設計

　　愈來愈多女性利用網路訂購情趣用品，業者說近年來網購的數量已經超越實體店面，而網購的買主以女性居多，大概可以推斷女性比較不好意思走進店裡，但究其原因是女性性自主意識抬頭，其次和同性伴侶增加也有關係，這才是促成愈來愈多女性購買情趣用品的真正原因。

　　市面上各類情趣用品絕大部分是為女性而設計，雖然與男人交合時性器加上肌膚的相擁貼觸、耳鬢廝磨，能讓兩人把快感一起推

向高潮，但在大多數情況下，兩性做愛只有少數女性能達到高潮，但如果輔以情趣用品，幾乎每次都能獲得高度的性快感，且十之八九可隨心所欲達到高潮！

從歷史來看，情趣用品的產生原本就是為取悅女性而設計，最早是木頭做的假陰莖，後來有石頭刻成的石陰莖，但與其說情趣用品是用來取悅女人，不如說發明這些用品的男人也想在那當下得到快感！男人看著女人在眼前使用情趣用品玩得酣暢淋漓，會比自己看A片快樂，這能補償自己性能力的不足，降低無法讓女人滿足的愧疚感。

然而雖說近年借助性玩具來增加性愛情趣的人愈來愈多，但是單身不婚或離異女性人口快速增加，性娛樂自主的需求愈來愈多，應該才是性玩具銷售增加的主要原因吧！

**SEX & LOVE**

推薦你幾個情趣用品網店，有空去逛逛，看看有沒有適合你的小玩具，購物還可順便增加性愛知識哦！

### 1.Dr.情趣（https://www.drqq.toys）

打破過往傳統情趣產業，以健康的角度創造全新的台灣情趣用品商城，提供不記名的私訊即時服務，不僅能解決顧客的疑難雜症，客服人員還能對症下藥，推薦適合購物者的情趣用品。

### 2.私享（https://www.femjoyment.com）

商品眾多，提供「第一次怎麼玩」的入門商品介紹，還有進階的調教組合包，並針對不同使用度等級的顧客提供私密歡愉商品推薦，喜歡比價的還有團購優惠。

### 3.享愛網（https://yes94136.com）

各種情趣商品，包含情趣跳蛋、遙控跳蛋、情趣精品、按摩棒、情趣睡衣、角色扮演服裝、AV按摩棒、情趣潤滑液等，包裝隱密，保護購物者隱私，精選多國情趣小物，從暢玩到清潔保養通通一站輕鬆到手。

# 冥想高潮，
# 心靈快感二合一

　　現代女性面對自己的情欲，除了身體的愉悅，也在乎心靈快感二合一，冥想高潮就能滿足這種需求。

　　冥想高潮又稱「自發性高潮」，時下有許多性治療就是採用這樣的方式，它不靠雙手，也不用道具，不需要任何身體接觸或自我撫摸，只要學習新的呼吸方法和肌肉訓練，就可以達到自發性的極限快感。

　　聽起來似乎很不可思議，其實，無接觸快感主要是通過自己的感覺神經，借著練習呼吸技巧、配合更多的性幻想、收縮恥骨尾骨肌，就能達到血脈賁張又讓人喘息尖叫的「大腦高潮」。許多上過瑜珈課的人會有類似高潮反應的美妙體驗，而這便是源於腹式呼吸

和收縮括約肌對性快感的幫助。

　　冥想高潮的方法很簡單。首先，在床上裸身仰臥，屈膝，雙腿張開，一開始先深呼吸，將空氣深深吸入體內，想像空氣從呼吸道進入陰部，呼氣時將空氣全部吐光，在大約12次的深呼吸後，慢慢喘息，把嘴張開，改用腹部迅速吐納；接著練習「噴火式呼吸」，想像有一團小火球進入你的鼻腔，最後抵達陰部。一邊專心進行吐納，一邊感受熱力在體內緩緩流動，如果能配合重複縮放部分骨盆底肌的凱格爾運動，效果會更好。

## 性幻想是不可或缺的要素

　　冥想高潮還有一個不可或缺的要素就是幻想，妳必須讓腦中充滿視覺想像，讓這些綺思冥想隨著深呼吸和收縮恥骨尾骨肌一起進行。在腦中自行編導各種狂野的情節，當進入綺思境界後，呼吸會愈來愈急促，巨大的情慾能量便會一波波襲來。

　　這個體驗快感的方法會讓妳更深入瞭解自己的身體反應，開發出更多享受性愛的潛能。女性的身體具有無法想像的開發空間，陰道是接受性刺激的其中一個部位，所以進行冥想高潮時不要只專注在性器官，其他如小腹、乳頭、耳朵，甚至是腳趾、手指，都能接受性刺激，再將之傳到大腦而產生性高潮。

　　要進行冥想高潮的練習，妳必須找一個安靜的地方，將燈光調暗，移走電話、手機、筆電等一切會造成干擾的設備，並讓空間保持在舒適的溫度，太冷或太熱都會分散妳的注意力。接下來，在地板上擺放一張墊子，找一個自己感到舒適的姿勢，可以躺下，也可以盤腿坐，穿著寬鬆的衣服，當然也可以什麼都不穿。保持腰身挺

直,雙臂放在身體兩側,若為坐姿,可把手臂輕鬆地放在膝蓋上,抬起下巴,讓頭部與脊柱保持成一條直線。

冥想時,把注意力放在妳所在的空間和呼吸上,放鬆地深呼吸,把專注力放在空氣進入和離開妳的身體;吸氣時,努力將空氣吸進腹部,呼氣時,想像壓力也隨之離開身體。

當妳完成了第一階段的情境想像後,接下來是第二階段的性愛冥想。妳必須找一個幻想的對象,想像妳正要與他(或她、它、牠)性交,如同真實性交的一切步驟,加上無限想像的性愛情節,盡情去想,無所限制,想像妳曾經有過那場最美好的性愛,或是妳從書籍、電影,讀過、看過最激盪的做愛畫面,想像不要停止,讓自己盡可能地享受虛幻的撞擊,直到高潮。

如果妳是新手,不要急著想達成完美的冥想高潮境界,慢慢來,只要放開心靈,就會一次做得比一次好,直到美好境界來臨。

# 第七章

# 環球性愛大觀

# 世界上性觀念最開放的 10個國家！

　　關於各國的性觀念如何開放，文字所能表達的畢竟有限，有機會你可親自去看看，或是去體會一下！

　　**1.泰國**：位於曼谷的帕彭（Patpong）是世界上最著名的紅燈區之一，這裡的性工作者可以迎合各種各樣性癖好者的需求，這樣的環境提供了泰國男女對性的態度無拘無束、沒有限制。令人感到驚訝的是，在一個篤信佛教、到處是廟宇和僧侶的國家，性觀念竟如此開放，你會不會覺得很有意思！

　　**2.丹麥**：首都哥本哈根被稱為「社交和情色的舞臺」。在這裡，家庭旅館旁往往就是情趣用品商店。一項調查顯示，在過去一年中，平均每位丹麥女性有4.31個性伴侶，男性則為4.01個，且不分男女，25%的人至少有10個不同的性伴侶，超過1/3的人說他們每年至少發生一次一夜情。

　　**3.義大利**：18世紀享譽歐洲的大情聖卡薩諾瓦（1725～1798）曾在給沙俄女王葉卡捷琳娜二世（1729～1796）寫的信中說：除非你通姦的事情被公開了，否則沒必要覺得羞恥。及至今日，在義大利，不管男人、女人，已婚、未婚，政要、普通民眾，同時有幾個

情人是再正常不過的事了，只要在不損害家庭的情況下，不論幾個情人，一般都能和平相處。

**4.德國**：德國自1970年開始就沒有通姦罪，據統計，近60%的已婚女性曾出軌。在德國，一般人就能從報章雜誌輕易取得紅燈區的資訊，不少對彼此感到疲倦的夫妻會手牽手一起去「換妻俱樂部」，他們不僅不會為此感到尷尬害羞，夫妻間還會相互分享相關的資訊。

**5.法國**：總統有婚外情是法國的傳統，法國也是世界上唯一一個給電影《格雷的50道陰影》12分好評的國家；《Lust in Translation（外遇不用翻譯）》一書中說：按法國電影界的說法，偷情只不過意味著你是主角而已。法國人的熱情也讓傳染性病的機率大增，歷史上曾有將梅毒稱為「法國病」的說法，而這個顯然為歧視的命名，是性觀念開放程度位列第三的義大利人送給他們的，真是五十步笑百步！

**6.挪威**：曾有一本名為《挪威社交指南》的漫畫有趣地概括了挪威人在戀愛過程的與眾不同，書中提到，在大多數文化裡，男女在一起的過程基本是「認識→約會→了解→繼續約會→更加了解→約會/了解循環→在一起」，而挪威人的套路卻是，「在酒吧等社交場所認識，然後就跳過中間所有步驟，直接上床」。以上是比較戲謔的說法，實際上，挪威的孩子從小學開始就接受性教育，他們開放的性觀念並不是鼓勵人們隨便發生性行為，而是摒棄對性遮遮掩掩的態度，認為性是正常生活的一部分，鼓勵負責任和安全的性行為。

**7.比利時**：擁有情人是比利時人的常態，一位交友網站顧問表示，情婦是最有效的抗憂鬱藥。為了推廣性教育，比利時政府推出一個性教育網站，裡面不但有多張描繪性愛場面的「高清無碼」

圖，還有豐富的文字描述口交技巧，如「V指技法」、「扭曲和呻吟」和「深穴」性愛姿勢，而網站瀏覽的適合年齡定在7歲。

**8.西班牙**：炮友、開放關係和婚外情在當地都是被默認的非主流文化。根據網路調查，57%的受訪者可以接受婚外情，56%的人擁有至少1個炮友；而75%年齡超過30歲的人對炮友的理解是「發生過性關係的朋友」，他們認為性關係會讓朋友關係更親密。西班牙人將性當作一種基本需求，把它從道德中剝離出來。

**9.英國**：隨著時間的發展，英國人的性開放程度確實是愈來愈高了。僅在不到半世紀前，將近70%的英國人反對同性戀，30%的英國人反對婚前性行為；現今，有愈來愈多英國人表示可以接受一夜情及同性戀，且無論是在地鐵上、公園裡、其他各種公共場所，都可以看到人們自在翻閱配有激情圖片的讀物。很明顯，英國人已經不再談性色變！

**10.芬蘭**：性在芬蘭被視為積極的人生體驗。在這裡，20%的已婚男性有婚外情，且情人的數量不少於10個。芬蘭人很早便接觸性，幼兒園老師不厭其煩地向孩童講解男女身體構造的不同，中學時，校方隨時提供各種避孕用具，熱戀中的男女在約會一兩次後，如果彼此不討厭，便會發生性關係。

# 性冷淡導致少子化的國安危機

　　十大性觀念開放國家北歐五國就占了三個，分別是芬蘭、挪威及丹麥，但數據顯示這些國家在「性觀念」開放之外，又有另一組數據顯示這些國家人民有「性冷淡」的趨勢，也就是這些國家的人民許多是「想一套，做一套」，而這現象反映在生育率方面就是出現人口危機。

　　在挪威、芬蘭等北歐國家，2017年的出生率為史上低點，每位女性平均生產1.49～1.71個孩子，而要讓國家人口保持穩定，所需的出生率須維持約2.1個。對此，奧斯陸大學（University of Oslo）社會學家拉佩加德（Trude Lappegard）指出，所有北歐國家的出生率在2008年金融危機後開始下降，但如今金融危機已結束，出生率卻仍在下降，而同樣的情形也正在亞洲的日本、南韓、台灣等地上演。

# 瑞典人對待性，
# 就像運動、像營養

　　瑞典人對性是真的很開放，但他們卻也把性這件事看得無比認真。他們看待性就像運動、像營養，是關乎每個人身心健康的嚴肅課題。

　　瑞典學校最害怕的不是學生探索性愛，而是學生從事不安全或是有傷害性的性行為。瑞典人正視青年男女對性的需求，也有著全世界最廣泛對「性侵」的定義：原則上，只要有一方不完全同意性行為，就算是夫妻之間也可以構成性侵；以往被視為「非禮」的行為，也必須叫做性侵；而每一次非合意的性行為，比如丈夫多次強迫妻子，都被視為獨立的性侵事件。

　　維基解密創辦人亞桑傑（Julian Paul Assange）在2010和2011年發佈數十萬份具有政治敏感性的機密文件，包括超過25萬份美國外交電報，因內容涉及阿富汗和伊拉克戰爭而遭到美國政府通緝，他在接受瑞典庇護期間，一位瑞典女性來到他的住處，與他發生性關係。這位女性很清楚地告訴亞桑傑必須要戴套，他也照辦了。第二天早晨，這位女性在睡夢中感覺雙腿間有異物感，醒來發現亞桑傑已經射精在她體內，並且沒有戴套。這樣的行為

在瑞典構成了性侵罪。

在被舉報之後（後來有另一位女性也因為相似理由舉報亞桑傑），如果亞桑傑立刻到警局做筆錄並接受性病篩檢，表示悔意，瑞典警方可能不會重罰，但偏偏亞桑傑是個頗受女性擁戴的萬人迷，也不熟悉瑞典特殊的性侵法。當接到警方的傳喚，他一口咬定瑞典警局是和他的敵人陰謀打壓他。瑞典警方多年來都是以同樣的手續處理性侵犯罪，沒理由對亞桑傑網開一面，亞桑傑一次又一次傳喚不到，最後演變成被瑞典警局通緝的下場。

在瑞典，男女青年充分享受婚前的性自由，他們把性當作穿衣吃飯一樣平常自然。瑞典的男孩無須用金錢去嫖妓，女孩也不會為了貞節和男人糾纏不清，他們只在精挑細選之後才會進入婚姻，而結了婚之後便很少離異。瑞典不只是離婚率很低的國家，也是性病最少的國家，還是少數不被娼妓問題所困擾的國家。

# 一個真實的親密影片
# 交流平台

MakeLoveNotPorn網站由
辛蒂‧蓋洛普（Cindy Gallop）
創辦，她當初架設網站的目的
是作為性愛交流討論平台，但
為了要讓大家可以更積極地參
與和展現現實生活中的性愛，
辛蒂另外增設了一個真實親密
影片的交流平台，歡迎任何人

圖片來源：MakeLoveNotPorn網站

上傳自己或與伴侶自行錄製的親密、愛撫，甚至是性愛影片。會員每
上傳1支影片需繳納5美元的費用，且不得退費，以確保影片的品質。

此外，會員觀看1支影片需支付5美元的租用金，可於3個星期內
無限次觀賞。任何上傳至平台的影片需經過內部審核，確保影片中
的內容是兩廂情願、有故事脈絡、無傳統色情片的隱喻、性暴力、
性剝削等情節。最特別的是，每支影片的每一次點閱收入皆會以對
半的方式平分給網站平台和影片創作人。

辛蒂強調，該網站提供的不是色情片，因為色情片是表演，但
他們提供的是真實的性與愛。他們呈現的是真實關係、真實感受、
真實情愛和真實人生。

對於為何要成立這個網站？辛蒂表示，她發現儘管網路上有

多不勝數的免費色情片，但仍有許多人願意付費觀賞別人的臥房，窺看他人私密的獨處時光，或感受真實伴侶的情愛。她相信人們早晚會厭倦色情片的虛情假意與套路，而渴望看到有點糊塗、有點荒謬、有點好玩、有點害羞，但卻最為真實且性感的情愛。

該平台目前有超過40萬名會員，約400部性愛影片，約有百位創作素人在平台上分享他們真實的私密性愛。但為尊重任何參與此項活動的創作者，創作人可隨時要求影片下架。

## 傳統色情產業文化呈現扭曲的性愛觀

辛蒂還提到，傳統的色情影片多為男性觀點，著重在肉體的展現，建構在男尊女卑的前提，把女人塑造成性奴隸，這些影片不僅扭曲女人的尊嚴，更誤導許多年輕男女對性的想像和期待。辛蒂提倡透過呈現真實的情愛影片來傳播兩性正確的性關係和性互動，導正長年以來傳統情色片扭曲和誤導的性愛觀。在交流論壇上有會員表示，傳統色情片挑起的只是性慾，這裡的影片能讓人渴望得到性與愛。

辛蒂不只希望藉著網站的影響，翻轉長期以來由男性主導的性產業文化，更希望藉由呈現真實且多元的情愛，來教育和導正年輕人的性觀念。她堅持保有最原始的交流論壇，提供網友一個可以充分討論和交流各種性愛問題的友善空間，讓年輕男女免於被傳統父權導向的性產業文化壟斷情慾的想像，引領友善、真實且能讓人實際身體力行的性平等新紀元。

## 認真旅行，也認真做愛

一對來自法國的年輕情侶Luna & James，有兩年的時間他們在色情影片網站Pornhub上傳自拍性愛影片，並從第二年開始嘗試以vlog（video blog）形式記錄他們到世界各地旅遊及過程中做愛的畫面。

（圖片人物非當事人）

某段影片中，James先起床準備早餐，再到房裡叫醒裸身睡著的女友，他將被子掀開，手指輕輕滑過Luna的乳房，將她喚醒。接著，Luna外出晨跑，回來後一身汗的走進淋浴間，蓮蓬頭水柱不停灑落，淋濕他們交合的喘息。她又漫不經心地趴在沙發上滑手機，James走近，褪下Luna的內褲，抬起她的雙臀，深深地進入她的身體，畫面唯美深情。

Luna & James每到一個地方便開啟鏡頭介紹在這個國家遇到了哪些有趣或糟糕的事；接著，他們會進入投宿的飯店，展開一場沙發或浴室性愛。鏡頭一開始通常會帶到Luna性感的特寫，包含她自慰的畫面、美好的身形、挑逗的眼神，到主動張開雙腿、被抽插時的表情及呻吟，細膩地記錄Luna身體散發出來的慾望與美感。

在他們上傳的影片中，介紹旅遊點滴的畫面會比較快被帶過，但只要進入做愛的畫面就會被完整地保留，而影片唯美式的剪輯與配樂也常被人們津津樂道，網友們忍不住讚嘆——原來真正好看的情色影片不是只有粗暴的性交及誇張的呻吟，而是用心做愛。

可惜的是，Luna & James已於2020年2月於推特上宣布分手，目前兩人已不再更新相關共同頻道。

# 台灣年度墮胎人次，
# 狠甩出生人口數

　　根據衛服部最新統計，台灣女性在2021年共吃掉160,340顆墮胎藥RU486，超過該年度總出生人數153,820人！另外，根據非正式統計，女性懷孕3個月內採取手術墮胎的數字大概是吃RU486的兩倍，由此可見，台灣年輕女性的性生活是非常活躍的。

　　我在婦產科執業迄今已30多年，回顧10年以前，會來診所要求墮胎的，一半是因為夫妻避孕失敗，因為台灣男人在家和妻子做愛好像臨時起義比較多，而且不喜歡戴套，可能是不想生太多小孩，或是不在預期內懷孕，只好選擇墮胎。

　　另外一半來診所墮胎的病患是未婚女性因避孕不慎，遇上這類情況，我進入診間時會拜託病患須有男性陪同，若要施做手術，在填寫麻醉同意書時，已婚夫婦通常看起來心情平靜，迅速就能完

成，而若是未婚的情侶，女人往往哭哭啼啼地依偎在男人身邊，男伴也會頻頻問醫師，「手術會不會傷害她的身體？」女人也是動輒就問，「會不會傷及子宮？」及「以後還能不能懷孕？」

但近幾年情況大大改變了，現在，有一半的女性是單獨前來診所要求墮胎，當醫生替她掃描過超音波，確認懷孕的週數後，問她有沒有婚姻關係？非常多女性回答自己仍是單身，其他則回答，「已經離婚，目前是單身」，說出這類答案時，她們的神情泰然自若，像是來看一次小感冒。

## 她們為什麼墮胎？

有位38歲，容貌姣好氣質也高雅的單身女人，我問她為什麼不把胎兒留下來？她說她決定不要生養小孩，自己一個人生活可以自由自在，自給自足。另一位26歲的年輕女性，兩年內來拿了三次小孩，每次都帶不同的男人來付錢，自己單獨進入診間，並且第一時間就告訴我，不要讓跟她一同前來的這位男友知道她以前的就醫記錄。問她要不要事後來裝避孕器，她說她不要在子宮內裝東西，而且她做愛也不喜歡男人戴保險套，她喜歡感受陰莖的熱度和享受陰道被直接撞擊的感覺。還有一個年輕女孩，要我幫她算精確的受孕日期，她必須知道孩子是哪個男人的，因為她三天內和兩個男人分別上床做愛。

現代女性對性愛的態度雖然頗令人驚詫，但她們對情慾的自主卻是我相當肯定的，只是身為婦產科醫師，還是要奉勸女性，在享受性高潮的同時也要懂得愛護自己的身體，才能讓安全的性愛陪伴自己一輩子！

# 愛裸一族

先看看以下這些媒體報導：

**之一**　「裸拍族」攻占彰化火車站，學青蛙翻肚醜爆

近日有網友發出兩張照片，照片中一名男子全身赤裸、一絲不掛躺在彰化火車站第三月台的椅子上，雙腳張開拍照，十分不雅，另一張是男子一腳踩在椅子上，畫面讓人十分傻眼。台鐵表示接獲民眾反映後將加強人員巡邏，避免事件再度發生，也正在辨識監視器裡的男子身分，並向警方報案，朝妨害風化方向偵辦。

**之二**　捷運車廂內拍攝寫真，宛如A片情節

近日在台灣一個知名、要靠會員介紹才能加入的網上論壇流傳出一組照片，照片中一名身材凹凸有致、穿著一件藍色T恤的年輕女子，在台北捷運新莊線先嗇宮站的月台及捷運車廂內拍攝寫真，女子酥胸坦露，在月台上大擺pose拍照，之後女子更登上捷運列車，全裸倚在扶手上，宛如A片情節。

**之三**　為了跟網友分享，情侶檔公園裸拍

台南仁德區「牛稠子車站公園」日前傳出有女子裸拍，歸仁警分局調閱公園周遭監視器影像後，掌握拍攝影片是兩對20幾歲的台中情侶檔，4人中秋連假南下裸拍，拍攝當時不顧後方有其他遊客帶著孩子在遊玩，當場寬衣解帶。4人到案後表示，到景點裸拍目的是

示意圖

為了「跟網友分享」，警方追查，兩對情侶裸拍後即將照片上傳至推特分享，且之前也有多次到其他景點裸拍的分享照。

……

還不只這些，這些所謂的「裸拍族」動不動就在路邊、公園、捷運車廂裡裸拍，之前就被貼出台北「裸拍族」穿長靴、丁字褲，甚至三點全露，大膽在新竹17公里海岸線、豎琴橋、青草湖等景點自拍，甚至大型連鎖家具賣場IKEA也被裸拍族攻陷，刻意在不知情客人旁脫衣裸拍。

裸拍族之所以喜歡找知名地點，如賣場、公園、台鐵等地方拍照，因為場地的辨識度高，照片一經發送就能引起共鳴與點閱。而這些裸拍族究竟在想什麼，為什麼要拍這類照片並將之公開來取樂大家？其實，老祖宗早就說過，「食色性也」，性跟吃飯一樣，是人活著不能缺少的，即使在保守的舊時代，性雖然不方便公開說、公開做，但私底下，只要人不犯我、我不犯人，關於性這樁事，你愛怎麼搞就怎麼搞，只要不搞出人命（侵人財產、傷人性命）就好！

近代，隨著自由風潮及網路的發展，性資訊的傳播變得更為便捷，不管東西方，法律與社會對於性的寬容也產生了翻天覆地的變化，而所謂寬容，意思是「你在私領域愛怎麼做、愛怎麼搞，同性戀、SM、多P都隨便你，但就是不要公開妨礙到他人」，在規範上，凡是對「性」傳播物的分級法規上，只要有三點露出的鏡頭或文字，不僅物品本身，包括散佈者都會受到重罰；但如果你成

年了，在私領域要怎麼看沒人會管你，上述這些事件之所以引起討論，在於它侵入了公領域，否則，愛裸一族只是個人喜好，若不妨礙他人，別人實不便置喙。

只是，如今的法律仍站在「社會多數共通之性價值秩序」的立場發言，同時對此類行為只做出消極性的保障，如果解釋憲法的大法官能明言，不可能每個人的道德情感與社會風化認知相同，因此對於非多數的文化也應給予尊重及保障；要知道，「道德情感與社會風化」不應由刑法規範，而應該屬於基本人權保障。換句話說，我們需對那些「就算我們道德情感不能接受的事情」給予更高的尊重，只要它沒有侵害我們具體的基本權利。

一個健全且多元的社會不應該看到自認為「負面」的事物就指責，而應該給予更多的理解與包容，當一個社會不再把特殊性癖好視為負面行為的時候，才能真正持平去看待不同的性、性別、性傾向、性慾展現，真正實踐性解放的法律與社會意義。

## ◑ 社會秩序維護法關於公然猥褻的罰則 ◐

### 第83條

有下列各款行為之一者，處新臺幣六千元以下罰鍰：

一、故意窺視他人臥室、浴室、廁所、更衣室，足以妨害其隱私者。

二、於公共場所或公眾得出入之場所，任意裸體或為放蕩之姿勢，而有妨害善良風俗，不聽勸阻者。

三、以猥褻之言語、舉動或其他方法，調戲他人者。

# 迷上會陰按摩的人妻

　　近年在熟女圈引起熱議，標榜讓陰道內壁肌肉富有彈性、加強女人對性事敏銳度、提昇性愛品質、讓熟女回春的會陰按摩，讓不少不甘獨守空閨的女性彷彿找到生活的意義，雖然單次收費要價5～6千元，慾女們仍是趨之若鶩，畢竟，這些外型經過挑選、專業技術又經過錘鍊的鮮肉型「性治療師」，真的讓她們嘗到回春的甜美滋味，許多女性在經過「專業調教」後，連她們的性伴侶都感到驚訝，可說是從裡到外，從性慾望到性技巧，他們的女伴宛如新生。

　　也有丈夫為開發妻子的性愛情趣技巧，或是丈夫對於性事有心無力，而借助這類會陰按摩的專業，將赤裸的妻子親手送上按摩床，自己則在一旁全程觀賞，對男人來說，這麼做既能滿足無法給妻子的性滿足，又能填補自身對性實踐的不足，更好的是，他們認

為「在自己的監督下，妻子的心不會飛得太遠」，當今社會能有這樣兩全的服務，對這些男人來說真是美事！

## 和性伴侶分享與別人的性愛過程

要能做到和性伴侶分享與別人的性愛過程必須雙方很坦誠，而且必須心智充分成熟才能做到，嫉妒和佔有慾還是最主要的障礙，但是比起丈夫容許妻子外遇，情人之間還是比較容易做到的，且這種情況在台灣已經不算少見。

從按摩院業者得到的消息，有許多丈夫帶著老婆到按摩院花錢叫年輕的按摩師幫老婆做裸體油壓，也有進一步做「會陰按摩」的。這麼做並不一定是因為老公有性交障礙，之所以愈來愈多中壯年男人帶老婆去給男師做會陰按摩，看著老婆非常愉悅的高潮狀態，老公在一旁也會跟著興奮起來！

這就是將嫉妒與佔有做心情轉換，把負面的情緒轉換為正面的分享或共享快樂，讓老婆獲得快樂應該是男人最期待的，這麼做有何不可呢？同樣的，看到老公快樂，女人自己也應該快樂不是嗎？

事實證明這是可以做到的，因為嫉妒和佔有慾起源於害怕失去，如果沒有失去對方的疑慮，心態上就較能理性平和，而這轉變只在一念之間！

另外，社會上有一部分「性弱勢」人群，或是身殘，或是單身寡居，總之，以這些人的現實條件無法以自力滿足性生理上的缺憾，基於人道，有公益組織推出「手天使」的服務，手天使會替病人自慰（俗稱「打手槍」），提供服務給那些意識仍然清醒且主動表達需求的對象，這是一項針對男性殘疾人的人性化服務，立意值得肯定。

**SEX & LOVE**

# 社交名媛為與小鮮肉約會，找醫師打造「超級陰道」

　　英國54歲的社交名媛麗茲（Lizzie Cundy），為了與小鮮肉約會，找醫師做增加陰道壁膠原蛋白的小手術，打造「超級陰道」，做成後她開心地表示，「終於有一個年輕的陰道。」

　　據英國《每日星報》報導，麗茲做陰道緊縮手術是為了改善性愛時的感覺，她在受訪時說到，「我感覺自己就像一名擁有超級陰道的新女性，它非常緊，走路時都會吱吱叫。」麗茲表示一直認為自己很年輕，如今終於有了一個可以與她心理年齡相符的陰道，她不諱言只和年輕男人約會，靠著這個超級陰道讓她「享受了一生中最美好的性愛」。

# 專為仕女服務的情慾按摩

　　妳有聽過「情慾按摩」嗎？以下是一則專為仕女服務的情慾按摩館的廣告，看看它的介紹有沒有勾起妳的情慾！

## ◆我們的團隊有二十幾位按摩師

有陽光男孩 肌肉型男 小鮮肉 平面模特兒 還有專業按摩師
任你選擇
情趣按摩 情慾按摩
……
素質超優 以客製化的手法親切為妳服務
想更了解我們嗎 心動不如馬上行動
我們的男按摩師都是經過精心挑選 還有專門人員調教
讓您平時壓力大所累積的緊繃與疲勞感獲得舒緩
放鬆全身筋絡 讓身心解放 享受手心傳來的溫暖
我們專業的男按摩師以細膩及獨特的手法為您全身油壓按摩
量身訂製每一個需求！

### 什麼女生會找男按摩師單獨服務呢？

#失戀女找療傷
#寂寞女找撫慰
#情場高手找挑戰
#夫妻房事無趣找刺激

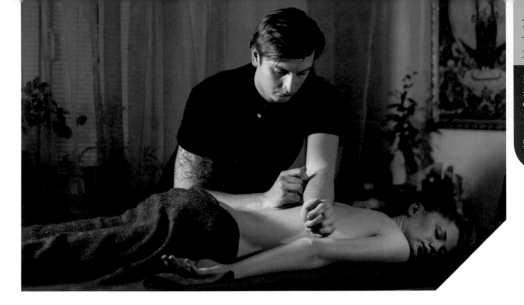

　　簡單來說，有需求的女人就會找男按摩師

　　不管是按摩的需求、暫時解放、舒緩心情、尋求刺激、享受高潮、寂寞想找人陪……

　　只要妳有一個能說服自己的理由

## 異性SPA的好處

　　異性SPA現已成為一種流行，對許多人而言，異性SPA不僅僅是一種舒壓的好方法，也是一種美容、護膚的妙方，還是一種優雅的享受。

　　男按摩師給異性做SPA，按摩過程的手法運用，客人被異性撫摸身體，肯定會有反應，身體也會有變化，比如血液會加速循環，皮膚變熱毛孔就會張開，這樣就會使精油充分的進入毛孔，當手法變化時，女人的身體也會跟著變得異常興奮，一會兒張開一會兒收縮，這樣就會讓精油一點不浪費地被身體吸收了。

　　更重要的是，找異性做SPA可以盡情享受過程，試想，要是找個同性做SPA，你會有身體的快感嗎？

　　異性按摩就不一樣了，你會得到加倍的快感舒服，就算你不好意思，也會控制不住的表現出來。

## 為什麼要找男按摩師？

在密閉的空間裡給異性按摩本來就會讓人充滿無限遐想

更何況，對方還是個陌生人，光是想像就讓人不禁臉紅心跳

如果是這樣，那就沒錯了！

這就是異性按摩的目的與基礎

藉由心理上的變化，進而影響生理，再去調節內分泌。在精油SPA的過程中，會使皮膚得到很大的改善，對女性而言，荷爾蒙的分泌釋放本身就是一個延緩衰老的仙丹妙藥，再加上精油的輔助，能讓身體得到很大的改善，這是同性按摩師所無法做到的效果。

{～帥哥型男 專業按摩師服務團隊～}

歡迎 單女 夫妻 情侶

按摩師一對一絕對尊重隱私

預約專線：xxxxxxxxxx

　　而不只「團隊」大打廣告，「個體戶」也很認真地招攬客人，像是：

「（比例良好，精壯型）專業指油壓，細心發掘您的深處，多年經驗男師，女性身體開發，放鬆身心靈，貼身沐浴SPA體驗高潮，潮吹，情慾，輕、揉、撫、滑……溫熱的手，暖妳的心，也暖妳的每一寸肌膚……寬闊的肩膀臂彎，厚實的胸膛，溫軟的耳鬢廝磨……歡迎單身女子、情侶夫妻（只服務女性），還想知道更多……請私訊」

「我是XX，剛入行的男按摩師，提供到府按摩服務，讓特別的你輕鬆在家就可享受細膩的仕女按摩。全天候支援台北各大酒店及飯店」

　　別以為男按摩師是個爽玩又有高收入的行業，根據國內媒體調查，想要成為一名「男師」，條件可沒那麼簡單，除了身高必須180公分以上，長相還要乾淨順眼，身材要「精壯碩大」，工作室的老闆也會親自與應徵者訪談，了解按摩師的心態及狀況。

　　某按摩師說，他之所以會從事情慾按摩師這個行業，主要是因為之前就學過按摩，「既然男性有找小姐的需求，女性當然也會有」。但女性更需要安全、放心、隱密的空間，及更專業溫柔的服務。

　　這名按摩師也透露，這個行業其實不如外界所想的那般舒服又好賺，男師平時不僅要維持身材、體能精力外，服務過程中有時還要應付各種女客誇張的需求，例如不戴套、性虐待等，所以公司都會教導男師如何自保，並且在「危急」時刻出手為男師解圍。

# 雙身法，以男女性行為 來求得解脫

　　幾年前，因為擁有兩輛共價值4000多萬元勞斯萊斯，讓「佛教如來宗」創辦人妙禪爭議喧騰一時，不少網友紛紛以「Seafood」（諧音「師父」）一詞暗諷妙禪，而他神秘的過往也一一遭起底，一段舊時的採訪影片被翻出來，其中的錄音檔直指劉錦隆（妙禪）利用話術誘騙女信徒與他「子宮頸陰陽雙修」，這個事件引起網友熱議，也再度使「性靈雙修」議題浮上檯面。

　　另外一起相關的爭議事件主角則是台中某禪寺創辦人「聖輪法師」楊贊儒，他以男女雙修為由，與多名女弟子性交，再由女弟子代為物色年輕貌美的信徒或義工供他性侵、猥褻，法院依強制性交罪判刑10年定讞。

　　雙身法，又稱歡喜佛法（簡稱「歡喜法」）、男女雙修法（簡稱「雙修法」）、男女和合大定、陰陽和合禪定、秘密大喜樂禪定，為藏傳佛教術語，是無上瑜伽部特有的修行方法，屬圓滿次第的一部份。

　　歡喜佛只在藏傳佛教寺院中供奉，明王與明妃一尊雙體，面對面抱在一起，合二為一。歡喜佛中的明王站立或結跏趺坐（兩腳交疊盤坐），明妃經常手持法器或環抱男

頸，單腿或雙腿環繞到明王的腰後，呈面對面的姿態。

　　最早將男女性交當成修行法的是藏傳佛教中的無上瑜伽部，他們認為釋迦佛祖佛滅前在印度哲蚌地方傳授《時輪金剛法》時以歡喜佛的本尊示現，並與明妃交合。

　　明妃，指修行所需要的女性伴侶，分為實體明妃（即人類女性）、觀想明妃（通過觀想而幻現的女性）、咒生明妃（利用咒術產生的女性），及空行母（佛教的天神）等。在實體明妃中，具備特定宗教修行能力的女性稱為俱生明妃，而事業手印中採用的明妃通常指一般女性，以20歲以下相貌出眾的處女為佳，不一定需要具備特別的宗教修行程度。

　　無上瑜伽部認為雙身法是極秘密且危險的教法，只能傳授給極少數具備高度智慧與證果的人，因為修行過程中只要生起一點點慾心，就相當於犯了邪淫。受具足戒的出家僧侶不允許修習，否則可能要墮入金剛地獄。

　　雙身法可透過直接的性行為（事業手印），或是想像的性行為（智慧手印）來進行瑜伽修行，以達到禪定解脫。無上瑜伽部不認為雙身法單純是為了滿足慾望而進行的性行為，而是一種特殊的禪修，並認為這種修行方法與人類身體中的氣、脈、明點有關，是即身成佛最快的捷徑。

　　在無上瑜伽部中，雙身法傳承被視作一種秘密傳授的修行技巧，主要以口傳方法進行，即使在少數文獻上有記載，也都以隱諱的專有名詞來做說明。根據西方人類學家與宗教學者的採訪指出，在藏傳佛教寺院中，仍有少數人保持這個傳承，但被認為是一種「只做不說」的修行方式，很少對外傳授。

　　藏傳佛教典籍《時輪金剛續》認為，在性行為高潮時，原本繫

結的脈輪會暫時鬆開，細微風會進入中脈，在中脈停駐，身體中的赤白明點也會在中脈中融合為一，此時，修行者會得到一種特殊的境界，稱為「大樂」。在這種狀態下，進行觀想禪修極易進入三摩地，證悟空性，稱為樂空不二。此派修行者認為，心不清淨、貪慾很盛的鈍根修行者，無法依靠自己的禪定力來控制明點，因為南瞻部州的眾生擁有的肉體具備這個特性，可以藉助與女性間的性行為把明點導引到自己的龜頭，由此引發大樂，以進行大手印的修行。

但這種性行為卻不是指一般的性行為，而是藉以融化頂輪的四大脈（人體有七大脈輪，分別是：海底輪、生殖輪、臍輪、心輪、喉輪、眉心輪和頂輪），並且回轉其過程，這種修行的先決條件是必須擁有能夠控制明點不洩出的能力（也就是不射精），根據《時輪金剛續》的說明，漏精對修行的傷害非常大，因此即使在夢中也不可以漏精。

無上瑜伽部認為只要認清慾望的本質，在慾望中也能得到解脫，他們認為雙身法是一種特殊的禪修，是想更快斷絕淫慾，由慾慾至慾不慾的破除染、淨兩種執著，契入真正萬法平等不二的空（即事如真）。

新生命的產生唯有透過男女交合，這是人類最大的創造性能源，這一能源需與「宇宙大能」匯成一體，同樣，陰陽兩性的結合是宇宙萬物產生的原因，通過性交可以使人的靈魂和肉體中的創造性能源激揚起來，與宇宙靈魂融為一體，達到一種最高的精神境界，歡喜佛便是在這種理論觀念的基礎上誕生，並延續，只是時代更迭，佛法悠遠，原創精神不復流傳，只徒留給現代人無限想像。

# 秦始皇母親趙姬養男寵淫亂後宮

　　秦王嬴政，13歲登基，雖貴為君王，但也不過是個不經世事的少年，其父嬴異一死，其母趙姬便和呂不韋在隱蔽的宮門內翻雲覆雨。

　　趙姬原本是富商呂不韋的姬妾，她不僅年輕貌美、能歌善舞，非常受寵，呂不韋為了獲得權力，將趙姬送給當時在趙國當人質的秦國安國軍嬴柱的兒子子楚，兩人生下一子嬴政，也就是秦始皇。根據《史書》記載，子楚後來繼承了帝位，即為秦莊襄王，但在位不到3年，35歲就駕鶴西歸。

　　當年不到30歲的趙姬就守寡了，年紀輕輕的她怎麼耐得住寂寞，於是跟呂不韋舊情復燃，但隨著嬴政日漸長大，呂不韋擔心姦情被發現，官位跟命可能都會不保，因而想了個妙計，把性能力相當好的嫪毐設法「偷渡」進宮。

　　呂不韋找來了陽具尺寸驚人的嫪毐，要他表演用巨根轉動車輪的花招，並故意放消息給趙姬。果然，趙姬聽到宮中出現這麼一個天賦異稟的男人便慾火難耐，只是苦於不知道

趙姬與嫪毐淫樂後宮（圖片來源：網路）

該怎麼接近他。呂不韋趁機獻計，兩人便搞了一齣「假閹割」的戲碼，讓外界以為嫪毐因為犯錯而被閹割，拔去了鬍鬚體毛，就這樣掩人耳目地成了近身侍奉趙姬的宦官。於是趙姬與嫪毐的後宮淫樂生活於焉展開。

但這樣還不夠，他們為了能更隨時隨地、無憂無慮地解放慾望，還偽造了卜辭，說他們住在咸陽不祥，於是一起移居到雍城去。在雍城，趙姬與嫪毐生了兩個兒子，有趙姬在後面支撐，嫪毐在幾年內地位節節上升，封侯、賜食邑，全盛時期門下有僮僕千人、門客千人。

嫪毐作為中國史上第一位性功能被記載的傳奇人物，野心被養大，言行也開始隨便起來，竟仗著和趙姬的兩個私生子對外稱自己是秦王嬴政的「假父」，也就是義父，甚至想立自己的兒子為秦王。

這些荒唐事跡走漏了風聲，使得嬴政勃然大怒，下令徹查。沒想到嫪毐先發制人，偽造文書騙了一群烏合之眾發動政變，但一下就被秦王給打敗了。嫪毐被活抓後，夷三族，並施以車裂酷刑。秦王也不念嫪毐兩個與自己同母異父的弟弟，雙雙裝入布袋，活活打死。不過，秦始皇並沒有對母親痛下殺手，而是要將她終身監禁，但在文武百官的請求下，趙姬獲得釋放，但兩人從此斷絕母子關係，趙姬也永世不得再踏入咸陽城。10年後，50歲的趙姬鬱鬱寡歡而死。

這已是兩千年前的宮闈舊聞，虛實或許已難斷定，但翻看此事，不得不在今日為性愛觀念開放的先驅呂不韋記上一筆！

# 15個情場流行語，
# 看不懂就落伍了！

　　網路次文化盛行，新的用語層出不窮，根據網路調查，以下15個是溫度最高的情場流行用語，不管你是不是網路世代，都要了解一下，以免會錯意，表錯情，沒嘗到好處，還弄得一身難堪！

## No.15：素炮

　　指兩個人約出來開房間，但不發生性關係，只是單純地擁抱、一起睡覺，類似「純抱睡」、「蓋棉被純聊天」的意思。有些人認為比起傳統的約炮，素炮更著重在彼此精神層面的交流，反而可以獲得更大的滿足感。

## No.14：要不要一起泡溫泉

　　暗示想跟對方發生關係。溫泉多位在郊區風景優美之處，泡溫泉不只可以讓身體放鬆，還可欣賞風景，讓人心曠神怡。許多溫泉還有私人湯屋，在寬衣解帶之後會發生什麼事，大家就自行想像了！

### No.13：漁場管理

譯自韓文的「어장관리」，可通用在男女身上。指某一方未明確和對方交往，並且和多名男/女性朋友有曖昧或親密舉止，就像是一個人在管理漁場一樣。哪條魚心情不好了、消瘦了，就先去安撫他，必須要將漁場裡的魚都管理好，如同有多個備胎，以備不時之需。

### No.12：買可樂

做愛，英文「make love」的諧音，意思極明白，不需多做解釋。

### No.11：鹿了

是「我心裡小鹿亂撞了」的簡稱，如果想表達沒有發生關係、只是看到對方就心臟噗通噗通跳的感覺，就可以用「鹿了」來表達內心的興奮。與「暈船」不同的是，暈船指「發生過關係後才愛上對方」。

### No.10：掛睡

「掛著電話睡覺」的意思，很多人都曾經歷過每天跟曖昧對象講電話講到捨不得睡覺，明明很睏了卻還是會說「你先掛」、「不要啦，你先掛」，你一言我一語的就是不肯先掛掉電話，因此有些人會選擇不掛掉電話，直接讓對方透過「電話」陪睡，睡夢中彷彿能聽到對方的呼吸聲，讓熱戀的人很有安全感。

### No.9：要不要來我家看Netflix

委婉邀對方來家裡發生性關係的意思。那為什麼不說「來我家看電視」？因為現代年輕人不愛看電視，偏愛網路Netflix，選擇多種

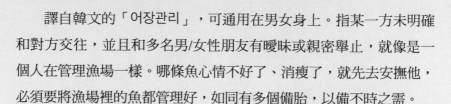

多樣，要什麼有什麼，碰到心儀的人，邀來家裡，挑一部火熱激情片，看著看著，什麼事就都自然發生了。

## No.8：甘蔗男

指那些像甘蔗一樣的男生，剛開始嚼非常甜，但多嚼幾下就只剩下「渣」，簡稱「渣男」。有人說甘蔗男是「渣男的最高級」，因為渣男剛開始不一定甜，但甘蔗男可是甜到爆，讓你以為這人就是真命天子，沒想到最後卻渣到不行，讓滿嘴的渣弄得你傷痕累累。

## No.7：海王、海后

有些人會一次跟很多人搞曖昧，也就是所謂的「漁場管理」、「放線」，延伸出很會養備胎的新詞「海王」、「海后」。這兩個詞最初會爆紅是因為一支抖音影片的台詞「本以為游進了哥哥的魚塘，沒想到哥哥是個海王」，表示喜歡的人不只跟自己搞曖昧，後來這種「同時放線養很多魚」的男女被稱為「海王」、「海后」。

## No.6：純抱睡

　　熱戀的情侶通常會相擁入眠，認為這樣比較有安全感，單身者如果想獲得像情侶這樣的甜蜜狀態，有些人就會相約「純抱睡」，也就是兩個人相約抱著睡，但不發生關係，有過經驗者表示，在寂寞難耐的夜晚，有個人抱著睡能暫時填補心中的空虛。只是「純抱睡」的感覺像情侶，有些人還是會不小心「暈船」愛上對方。

## No.5：穩聊

　　就是「穩定聊天」的意思，單看字面會覺得平凡無奇，兩個人穩定聊天很難嗎？但是對曖昧期的人來說，「穩聊」可是有學問的！由於現在人多仰賴社群軟體相互聯繫，有時聊著聊著就感覺無以為繼，必須拼命找話題讓對話延續，因此，如果能跟曖昧對象穩聊，表示兩人合得來，可考慮進一步發展關係。

## No.4：要不要來我家看貓/我家貓會後空翻

　　性邀約的一種。由於講「要不要做愛」實在太露骨，很多人會用一些帶有性暗示的句子替代，像是「要不要一起泡溫泉」或是歐美很流行的「Netflix & Chill」，都是問對方是否想發生關係的意思，而「要不要來我家看貓？我家貓會後空翻」是比較搞笑風格的性暗示。

## No.3：ㄩㄆ

　　現代人的性觀念愈來愈開放，「約炮」也不再是禁忌話題，不少人會用交友軟體約炮，但是並非每個人都能接受這種行為，為了確認

彼此是否有相同的目的，約炮者通常會直接問「約（炮）嗎」，後來就把「約嗎」簡稱為「ㄩㄇ」，就是「約炮嗎？」的意思。

## No.2：暈船

「暈船」指稱被愛迷惑的用法由來已久，但是對網路世代來說，「暈船」最初僅限於描述「在還沒確認彼此關係的情況下就發生性關係，還不小心愛上對方」，但是隨著這個詞的流行，現在有愈來愈多人擴大解釋，不一定要發生性關係，只要是在不該動真感情時動了心，就可以算是「暈船」了。

## No.1：時間管理大師

該詞源自2020年藝人羅志祥被前女友周揚青爆料劈腿、喜歡「多人運動」，並在分手信指出羅志祥每天半夜3、4點才說晚安，不知道哪來的時間可以劈腿，羅志祥因此被網友封為「時間管理大師」，後來「時間管理大師」也用來指稱「腳踏多條船的人」，是許多人在情場中避之唯恐不及的危險人物。

國家圖書館出版品預行編目資料

佛洛伊德也瘋狂：21世紀女人性愛大解密 / 潘俊亨著. -- 初版.
-- 新北市：金魚文化出版：金塊文化事業有限公司發行, 2023.01
208面；17 x 23公分. -- (生活經典系列；5)
ISBN 978-986-06332-4-5(平裝)
1.CST: 性知識 2.CST: 兩性關係 3.CST: 情慾
429.1　111021057

生活經典系列05

# 佛洛伊德也瘋狂
## ──21世紀女人性愛大解密

作者 / 潘俊亨

總編輯 / 余素珠

協力製作 / 曾瀅倫、林佩宜

排版 / JOHN平面設計工作室

出版 / 金魚文化

發行 / 金塊文化事業有限公司

地址 / 新北市新莊區立信三街35巷2號12樓

電話 / 02-22768940　傳真 / 02-22763425

E-mail / nuggetsculture@yahoo.com.tw

匯款銀行 / 上海商業儲蓄銀行新莊分行

匯款帳號 / 25102000028053

戶名 / 金塊文化事業有限公司

總經銷 / 旭昇圖書有限公司

地址 / 新北市中和區中山路二段352號2樓

電話 / 02-22451480

印刷 / 大亞彩色印刷

初版一刷 / 2023年1月

定價 / 新台幣400元 / 港幣130元